BENGT PERSSON

Elevers olikheter

och specialpedagogisk kunskap

LIBER

ISBN 978-91-47-11413-9

FÖRLÄGGARE: Anna Maria Thunman
REDAKTÖR: Magnus Winkler
GRAFISK FORM: Birgitta Dahlkild
OMSLAGSBILD: Diana Ong/Greatshots
OMBRYTNING: OKS Prepress Sevices
PRODUKTION: Jürgen Borchert

Tredje upplagan
1

REPRO: OKS Prepress Services, Indien
TRYCK: Indien, 2013

Liber AB, 113 98 Stockholm
tfn 08-690 90 00
www.liber.se
kundservice tfn 08-690 93 30, fax 08-690 93 01
e-post: kundservice.liber@liber.se

Innehåll

Förord

ARBETET med den här boken började egentligen redan under 1980-talet då jag som nyutbildad speciallärare fick uppgiften att "ta hand" om det som inte fungerade särskilt bra i de vanliga klassrummen. Den vanligaste lösningen var då att samla de elever som bedömdes ha svårigheter av något slag i särskilda rum – kliniker – så att den specielle läraren – specialläraren – kunde ge dessa elever en speciell undervisning.

Jag tror att många av de elever som passerade min "klinik" under åren fann sig väl till rätta, kanske främst för att någon vuxen hade tid att ägna uppmärksamhet åt deras svårigheter. Detta var den positiva sidan av arbetet som speciallärare – den negativa var att aldrig riktigt veta om de lärde sig bättre hos mig än i klassen.

Ungefär samtidigt som jag gjorde dessa erfarenheter beslöts i riksdagen att införa en ny specialpedagogisk påbyggnadsutbildning som hade andra utgångspunkter än den tidigare speciallärarutbildningen. Det blev min uppgift att tillsammans med andra lärarutbildare inom det specialpedagogiska området försöka ge de blivande specialpedagogerna en utbildning som stämde med riksdagsbeslutet. Uppgiften var minst av allt enkel och ställde en rad frågor på sin spets. Vilken funktion skall specialpedagogiken ha i en skola för alla? Vad står egentligen "special" för? Vilka barn och ungdomar skall få del av detta speciella? Kanske är det skolan som har behov av särskilt stöd m.m.

När det nu är dags för den här bokens tredje upplaga har den svenska skolan genomgått de mest omfattande förändringarna sedan början av 1960-talet. Specialskolor som tidigare stängts har åter öppnats, särskolan som egen skolform skild från grundskolan har förstärkts och fått en egen läroplan. Utbildningen av speciallärare har återupptagits efter 17 år och kompletterar specialpedagogutbildningen. Specialpedagogiken håller på att omdefinieras och verksamheten förändras som konsekvens av en radikalt annorlunda utbildningspolitik. I den nya upplagan tas frågan upp huruvida detta är förenligt med idén om en sammanhållen skola för alla.

Det är min förhoppning att boken skall bidra till en vidgad förståelse av specialpedagogikens roll och funktion i en skola som står inför nya och mer genomgripande utmaningar än vi sett på länge.

Torstad våren 2013
Bengt Persson

Begreppsordlista

Anpassad studiegång

En elev som inte i rimlig grad kan få en utbildning som är anpassad efter elevens situation och förutsättningar kan få anpassad studiegång. Styrelsen för skolan får fatta sådant beslut efter elevvårdskonferensens hörande. Antingen reduceras timplanen, eller så får eleven arbetspraktik varvad med ett mindre antal skolämnen. För en elev i de högre årskurserna får ett beslut om anpassad studiegång innebära att utbildningen delvis förläggs till en arbetsplats utanför skolenheten. Eleven skall ha en handledare på arbetsplatsen och få stöd från skolenhetens personal.

Differentiering

Processer som syftar till att tillmötesgå elevers olika förutsättningar för lärande. Differentieringen kan innebära att innehåll och undervisning anpassas inom ramen för en inkluderande pedagogik men även att eleverna differentieras och placeras i olika grupper eller skolor med utgångspunkt i hur de bedöms klara skolans krav.

En skola för alla

Ett begrepp som lanserades i samband med att 1980 års läroplan för grundskolan infördes. En skola för alla är en utmaning och målsättning för skolan och dess personal att skapa förutsättningar för alla barn att inom ramen för grundskolan få en meningsfull skolgång.

Fristående skolor

Skolor inom det obligatoriska och frivilliga skolväsendet som med bidrag från kommunen och efter godkännande av Skolinspektionen får bedriva skolverksamhet. En fristående skola skall vara öppen för alla. En kommun kan dock vägra en fristående skola bidrag för särskilt stöd som en elev kan behöva om det finns en kommunal skola som har resurser för att tillgodose elevens behov.

Funktionshinder

Begränsning som en funktionsnedsättning (se nedan) innebär för en person i relation till omgivningen.

Funktionsnedsättning

Nedsättning av fysisk, psykisk eller intellektuell funktionsförmåga. En funktionsnedsättning uppstår till följd av en medfödd eller förvärvad skada. Sådana skador, tillstånd eller sjukdomar kan vara av bestående eller övergående natur.

Handikapp

Begreppet handikapp avråds som synonym till funktionsnedsättning respektive funktionshinder. Dock används det i dagligt tal i sammansättningar som t.ex. handikappidrott, handikappersättning, handikapplats.

Individuell utvecklingsplan

I samband med *utvecklingssamtalet* skall läraren i en individuell utvecklingsplan skriftligt sammanfatta vilka insatser som behövs för att eleven skall nå målen och i övrigt utvecklas så långt som möjligt inom ramen för läroplanerna och kursplanerna. Från och med 2008 skall den individuella utvecklingsplanen även redovisa elevens kunskaper, dvs. kunna ha karaktären av betygsliknande omdöme.

Inkludering

Ett begrepp som myntades i USA under slutet av 1980-talet och som innebär att krav ställs på skolan, utbildningsväsendet och samhället i stort att ständigt aktivt anpassa verksamheten så att alla elever får möjlighet att känna gemenskap, delaktighet och meningsfullhet i skolan och så att ingen exkluderas ur det gemensamma och gemensamhetsskapande.

Integrering

I skolsammanhang kom begreppet integrering att användas i samband med införandet av grundskolan på 1960-talet. Integrering innebar att den vanliga skolan skulle öppnas för barn från andra, segregerade skolformer.

Läroplan

Förordning med nationella mål och riktlinjer för förskolans, förskoleklassens, den obligatoriska skolans och de frivilliga skolformernas verksamhet.

Mål att sträva mot

Mål som uttrycker vad skolan skall sträva mot och arbeta efter. Mål att sträva mot kan inte nås i någon absolut mening utan skall ligga till grund för planering, genomförande och utvärdering av den pedagogiska verksamheten. Från 2011 har mål att sträva mot ersatts med mål.

Mål att uppnå

Mål som uttrycker vad alla elever minst bör kunna vid en given tidpunkt för att klara sig väl i samhället. Mål att uppnå skall ge referenspunkter för såväl den nationella som den lokala utvärderingen samt betygsättningen. Från 2011 har mål att uppnå ersatts med kunskapskrav.

Nivågruppering

Fördelning av elever på olika grupper inom vilka undervisningen anpassas till elevernas bedömda kunskaps- och färdighetsmässiga förutsättningar att klara skolans krav.

Parallellskola

Skolformer som t.ex. folkskola, realskola och flickskola vilka på 1960-talet ersattes av grundskolan.

Rektors utredningsskyldighet

Av 2010 års skollag framgår att rektor har skyldighet att skyndsamt tillse att en elev som bedöms ha svårigheter att nå de kunskapskrav som minst skall uppnås, får en utredning om vilket stöd som skall sättas in. Utredningen skall ske i samråd med elevhälsan om det inte är uppenbart obehövligt. Om utredningen visar att eleven behöver särskilt stöd skall han eller hon ges sådant stöd.

Skolförordning

Rättsregel som beslutas av regeringen utan riksdagens medverkan. Den nya skolförordningen ersätter bl.a. grundskoleförordningen, sameskolförordningen, särskoleförordningen och specialskoleförordningen och trädde i kraft 2011.

Skollag

Fundamentala bestämmelser för förskolan, skolan och vuxenutbildningen, fastställda av riksdagen. 2010 års skollag innehåller bestämmelser om skolväsendet för barn, ungdomar och vuxna som anordnas av det allmänna eller av enskilda. Skollagen är anpassad till ett målstyrt skolväsende och till den ansvarsfördelning som råder mellan stat, kommun och pedagogisk profession.

Skolpeng

Vardagligt uttryck för en kommuns genomsnittliga elevkostnad. Begreppet "skolpeng" är inte reglerat i lag utan är ett förfaringssätt för kommunerna att fördela resurserna mellan olika skolor med utgångspunkt i elevantalet.

Skolverket

Statlig förvaltningsmyndighet för det offentliga skolväsendet, förskoleverksamheten, skolbarnsomsorgen och vuxenutbildningen. Skolverket har även ett särskilt ansvar för handikappfrågor, miljöfrågor samt frågor som rör nyanlända elever. Myndigheten skall även stödja kommuners och skolors arbete med syfte att förbättra kvaliteten och resultaten i verksamheterna.

Skolväsendets överklagandenämnd

Oberoende, domstolsliknande myndighet som har till uppgift att pröva överklaganden av vissa beslut inom förskoleklassen, grundskolan, gymnasieskolan och vuxenutbildningen. Vilka beslut som kan överklagas regleras i skollagen samt i föreskrifter som regeringen meddelar.

Speciallärare

Lärare som utöver lärarexamen avlagt examen i specialpedagogik före 1990. År 2008 infördes en ny speciallärarutbildning omfattande 90 högskolepoäng med sex inriktningar, språk-, skriv- och läsutveckling, matematikutveckling, dövhet eller hörselskada, synskada, grav språkstörning samt utvecklingsstörning.

Specialpedagog

Lärare som har genomgått specialpedagogisk påbyggnadsutbildning om 60–90 högskolepoäng efter 1990 och avlagt specialpedagogexamen.

Specialpedagogik

Kunskapsområde med rötter i den pedagogiska disciplinen med uppgift att stötta pedagogiken då variationen av elevers olikheter medför att den vanliga pedagogiken inte räcker till.

Specialpedagogiska skolmyndigheten

Specialpedagogiska skolmyndigheten har att hantera statens samlade stöd i specialpedagogiska frågor. Myndighetens uppgift är att ge specialpedagogiskt stöd till skolhuvudmän, främja tillgången på läromedel, driva specialskolor för vissa elevgrupper och fördela statsbidrag till studerande med funktionsnedsättningar och till utbildningsanordnare.

Specialskolan

Skolform för elever som främst p.g.a. dövhet eller hörselskada inte kan gå i grundskolan eller särskolan. Ekeskolan, en specialskola för elever med synskada och ytterligare funktionshinder, och Hällsboskolan för elever med grav språkstörning stängdes 2001 men öppnades åter 2008.

Specialundervisning

En av flera specialpedagogiska organisationsformer. Specialundervisning bedrivs ofta som specifik färdighetsträning med enskilda elever eller i små grupper.

Statens skolinspektion

Statlig myndighet med uppgift att utöva kvalitetsgranskning och regelbunden tillsyn så att kommunen eller den fristående skolan följer de lagar och andra bestämmelser som gäller för verksamheten. Myndigheten tar också emot anmälningar om brister i en verksamhet samt bedömer och beviljar ansökningar om att starta och driva fristående skolor.

Styrdokument

Skollagen, skolförordningen, läroplanerna, kursplanerna och timplanerna är nationella dokument som skall styra verksamheten i barnomsorg och skola.

Särskild undervisning

Särskild undervisning skall anordnas för elever i grundskolan, grundsärskolan, specialskolan, sameskolan, gymnasieskolan och gymnasiesärskolan som p.g.a. sjukdom eller liknande skäl under en längre tid inte kan delta i vanligt skolarbete och som vårdas på sjukhus eller motsvarande. Sådan undervisning skall så långt det är möjligt motsvara den undervisning som eleven inte kan delta i och kan med föräldrarnas medgivande även ges i elevens hem.

Särskild undervisningsgrupp

Skollagen ger utrymme för att särskilt stöd kan ges enskilt eller i en annan undervisningsgrupp (särskild undervisningsgrupp) än den som eleven normalt hör till.

Särskolan

Skolform för elever som p.g.a. utvecklingsstörning bedöms inte kunna nå upp till grundskolans kunskapsmål. Till särskolan hör grundsärskolan och gymnasiesärskolan. Särvux är en egen skolform som vänder sig till psykiskt utvecklingsstörda vuxna som vill komplettera sin utbildning.

Utvecklingssamtal

Samtal mellan läraren, eleven och elevens vårdnadshavare i syfte att stödja elevens kunskapsutveckling och sociala utveckling. Utvecklingssamtal skall genomföras minst en gång varje termin.

Åtgärdsprogram

Dokument för elev som behöver särskilda stödåtgärder. Rektor har skyldighet att se till att åtgärdsprogram upprättas och att eleven och dennes vårdnadshavare ges möjlighet att delta vid utarbetandet av programmet.

Skolan och elevers olikheter

Skolan som samhällsinstitution

Skolan är Sveriges största arbetsplats. Ingen annan samhällsinstitution utövar ett så stort inflytande över oss under så lång tid som skolan gör. Även om skola och utbildning numera utgör självklara inslag i samhället, är det viktigt att påminna om att institutionaliserad fostran och utbildning är en tämligen sentida företeelse i vårt samhälle.

Om vi förflyttar oss ett drygt halvsekel tillbaka i tiden, vilket i ett historiskt perspektiv får sägas vara en kort tid, och jämför dagens skola med den dåvarande, finner vi slående skillnader. Då hade vi i vårt land en parallellskola som byggde på olika slag av differentiering av eleverna relativt tidigt under deras skolgång. Småskolan och folkskolan utgjorde bottenskola för alla barn vilket innebar att alla[1], oavsett om man hade för avsikt att bedriva fortsatta studier eller ej, gick i odifferentierade klasser under sin första skoltid. Ungefär 25–30 procent av årskullarna gick vidare till realskolan, 8–10 procent till gymnasiet och endast 3–4 procent bedrev universitetsstudier. Övergången till fortsatta studier på läroverken var starkt socialgruppsrelaterad bl.a. till följd av de kostnader som var förenade med högre studier.

Idag har vi ett system där skolgången är i princip odifferentierad fram till dess att eleverna fyller 16 år. Knappt 90 procent av årskullarna är behöriga för gymnasieskolans nationella program och ungefär 45 procent går vidare till universitet och högskola.

1 Som kommer att behandlas längre fram fanns olika slag av särlösningar för de barn och ungdomar som inte ansågs ha möjligheter att följa undervisningen i den vanliga skolan.

Tabell 1. *Antal elever i olika skol- och verksamhetsformer 2011 (Skolverket, 2012).*

	2011
Förskola	472 200
Pedagogisk omsorg[2]	19 400
Fritidshem	396 600
Förskoleklass	103 900
Grundskolan	888 700
Grundsärskolan[3]	10 800
Specialskolan	500
Gymnasieskolan	370 100
Gymnasiesärskolan	9 000
Komvux	198 000
SFI	102 400
Särvux	4 700

Det är drygt 2 1/2 miljon svenskar som går till någon form av grundläggande utbildning varje dag. Lägger vi därtill alla de lärare som har till uppgift att ha hand om dessa verksamheter hamnar vi närmare tre miljoner. Det är således en gigantisk apparat det handlar om – en tredjedel av landets befolkning ägnar sig åt utbildning varje dag. Det borde mot denna bakgrund snarare ses som anmärkningsvärt att verksamheten fungerar så väl som den faktiskt gör även om mediedebatten ger ett annat intryck. Den brist på insikt som i debatten tar sig uttryck som att ”det var bättre förr” får tyvärr i alltför hög grad stå oemotsagd.

Det är naturligtvis så att det verkligen finns problem i skolan och dessa får och skall inte nonchaleras. Men problemen bör förstås

2 Pedagogisk omsorg är verksamhet som erbjuds i stället för förskola eller fritidshem och är sedan 1 juli 2009 ett samlingsbegrepp där familjedaghem är en av flera varianter. Andra varianter kan t.ex. vara olika flerfamiljslösningar.

3 Den 1 juli 2011 bytte den obligatoriska särskolan namn till grundsärskolan. Dessförinnan var grundsärskolan liksom träningsskolan en inriktning i den obligatoriska särskolan.

mot bakgrund av att skolan inte på samma sätt som tidigare utgör en naturlig auktoritet i ungas liv. Informations- och konsumtionssamhället har medfört hård konkurrens om barns och ungdomars uppmärksamhet och skolan tvingas inte sällan föra en ojämn kamp mot andra, mer intressanta fenomen i deras omvärld. I den här boken kommer jag att behandla vad man brukar kalla "skolsvårigheter" ur såväl individens som skolans perspektiv. Detta innebär att de svårigheter individer erfar i skolan kan förstås som skolans svårigheter att möta alla elever. Samtidigt har skolan kommit att bli samhällets viktigaste institution för upptäckt och identifiering av s.k. problembarn.

Specialpedagogikens framväxt i svensk skola

Specialpedagogiken i den svenska skolan skall förstås som en del i samhällets demokratiseringsprocess. Den är med andra ord en politisk och ideologisk företeelse. Decennierna kring sekelskiftet diskuterades livligt huruvida "de svaga och lågt begåvade" barnens närvaro i folkskolan skadade dess rykte. Från lärarhåll påpekades att dessa barn kunde verka hämmande på undervisningen och att de därmed kunde utgöra en belastning för de normala barnen. I en insändare i Svensk Skoltidning från 1890 framförs åsikten att det vore bra inte bara för den "efterblivne" eleven själv, utan även för skolan, om sådana elever separerades från de vanliga klasserna:

> ... en verklig välgärning för svagt begåvade barn ... för skolan i sin helhet en vinst att från de vanliga årsklasserna avskilja den tyngande barlast som blott hämmar farten. (Stukát & Bladini, 1986, s. 3)

På ledande plats i samma tidskrift gick i ett efterföljande nummer redaktionen i svaromål och menade att det visserligen fanns argument för insändarens förslag men

> ... de många farorna ur såväl pedagogisk som moralisk och social synpunkt av en dylik skilsmässa – för såvitt det ej gäller rena idioter – är enligt vårt förmenande av långt större betydelse. (a.a., s. 3)

Den moraliska aspekten är viktig här. Vad man fruktar är att barnen tidigt lär sig att avvikelse från normen "straffas" av de vuxna genom uteslutning. Debatten för drygt hundra år sedan känner vi lätt igen från vår egen tid även om språkbruket är annorlunda.

I en av de utredningar som tillsattes efter kriget, 1946 års skolkommission (SOU 1948:27), såg man positivt på specialundervisningen som ett alternativ till den allt vanligare kvarsittningen, dvs. att eleverna repeterade en eller flera årskurser. Man betraktade vidare den s.k. linjedelningen som en mindre lämplig väg att anpassa utbildningen till vars och ens förutsättningar. I stället förordades en individualiserad undervisning inom klassens ram. Man kan redan här se den riktningsförändring inom utbildningsväsendet som senare skulle utvecklas till "En skola för alla". Kommissionens rapport är dock motsägelsefull. En fortsatt och utökad satsning på hjälpklasser för de svagt begåvade barnen sågs som en önskvärd utveckling, eftersom dessa barn kunde förväntas få en mer harmonisk skolgång i sådana grupper.

1957 års skolberedning (SOU 1961:30) föreslog en differentierad specialundervisning mot bakgrund av att orsakerna till att elever fick skolsvårigheter främst ansågs ligga hos eleverna själva. Under den period när grundskolan genomfördes expanderade specialundervisningen kraftigt och organisationsformen "samordnad specialundervisning" infördes under sjuttiotalet. Med detta avsågs en undervisning i huvudsakligen matematik och svenska, bedriven av speciallärare med särskild undervisningsmateriel och i långsamt tempo. I 1969 års läroplan för grundskolan (Lgr 69) förordades en ökad integration av elever med olika former av funktionsnedsättning i de vanliga klasserna. Man uppmärksammade också miljön i skolan som en möjlig orsak till elevers svårigheter att nå upp till skolans krav.

Specialundervisningens kvantitativa expansion var följden inte enbart av ett behov av att differentiera undervisningen utan även av generösa statsbidragsbestämmelser. Den ökade satsningen på specialundervisning fick emellertid inte förväntade effekter, vilket oroade statsmakten. Regeringen beslöt att tillsätta en utredning om "skolans inre arbete" (SIA) i vilken kritiska synpunkter på specialundervisningen framfördes:

> Idag erhåller mellan 35 och 40 procent, ibland upp till 60 procent av eleverna i grundskolan tidvis undervisning på timmar som kallas specialundervisning. Samtidigt med denna kvantitativa expansion har ordet förlorat sin innebörd av specialpedagogisk metodik. Endast 27 procent av undervisningen utförs av specialutbildade lärare. (SOU 1974:53, s. 120)

SIA-utredarna framhöll vikten av att "den specialpedagogiska metodiken" genomsyrade skolans hela verksamhet och i analysen av skolsvårigheter framfördes behovet av att se över skolans mål, organisation och arbetsformer.

I 1980 års läroplan (Lgr 80) tonas skillnaden mellan specialundervisning och vanlig undervisning ytterligare ned och specialundervisningens viktigaste mål blir att *motverka att barn får svårigheter i skolan*. Dessutom betonas vikten av att de barn som får specialpedagogisk hjälp så fort som möjligt får återgå till vanlig undervisning.

Under 1990-talet sammanföll en djup lågkonjunktur i den svenska ekonomin med att ansvaret för skolan i allt högre grad blev en kommunal angelägenhet. Den hierarkiska regel- och resursstyrning som rådde dessförinnan avlöstes av mål- och resultatstyrning med stor lokal frihet att utforma utbildningsverksamheten inom de ramar som riksdag och regering fastställt.

Vad styrdokumenten säger

I regeringsformen, som är en av våra grundlagar, finns en paragraf där det slås fast att alla som omfattas av skolplikten har rätt att kostnadsfritt få grundläggande utbildning i den allmänna skolan. Denna rättighet beskrivs mer detaljerat i skollagen och skolförordningen. Slutligen konkretiseras bestämmelserna i de av regeringen fastställda läroplanerna.

I skollagens s.k. portalparagraf (1 kap. 4 §) kan man läsa följande:

> Utbildningen inom skolväsendet syftar till att barn och elever ska inhämta och utveckla kunskaper och värden. Den ska främja alla barns och elevers utveckling och lärande samt en livslång lust att lära. Utbildningen ska också förmedla och förankra respekt för de mänskliga rättigheterna och de grundläggande demokratiska värderingar som det svenska samhället vilar på. (SFS 2010:800)

Vidare anges i 3 kap. 10 § att elever som efter utredning visar sig behöva särskilt stöd också skall få sådant stöd:

> För en elev i grundskolan, grundsärskolan, specialskolan och sameskolan ska det särskilda stödet ges på det sätt och i den omfattning som behövs för att eleven ska ha möjlighet att nå de kunskapskrav som minst ska uppnås.

Kritik har riktats mot den här skrivningen eftersom den kan tolkas som att det särskilda stödet upphör så snart eleven når kunskapskravens miniminivå. Detta skulle kunna innebära att elever som med hjälp av olika stödåtgärder och hjälpmedel klarat kunskapskraven tvingas misslyckas igen för att få tillgång till det särskilda stödet.

I samma kapitels sjunde paragraf anges att stödet skall ges i elevens vanliga miljö:

> Särskilt stöd får ges i stället för den undervisning eleven annars skulle ha deltagit i eller som komplement till denna. Det särskilda stödet ska ges inom den elevgrupp som eleven tillhör om inte annat följer av denna lag eller annan författning.

I undantagsfall kan stödet ges individuellt eller i en särskild grupp, vilket framgår av den elfte paragrafen:

> Om det finns särskilda skäl, får ett beslut enligt 9 § för en elev i grundskolan, grundsärskolan, specialskolan eller sameskolan innebära att särskilt stöd ska ges enskilt eller i en annan undervisningsgrupp (särskild undervisningsgrupp) än den som eleven normalt hör till.

När en elev behöver särskilt stöd skall skolan således erbjuda detta. Som vi konstaterat anges i skollagen att stödet i första hand skall ges inom den klass eller grupp som eleven tillhör. Inte sällan diskuteras innebörden av denna skrivning. Är det t.ex. olämpligt att arrangera grupper av elever som får stöd utanför det vanliga klassrummet eller i särskilda klasser eller skolor? För att få en bild av lagstiftarens tankegång blir det då nödvändigt att gå tillbaka till förarbetena. I regeringens proposition *Elever med funktionshinder – ansvar för utbildning och stöd* kan man läsa att

> ... det krävs flera samverkande åtgärder inom olika verksamhetsområden för att den svenska skolan i verklig mening skall bli en skola för alla. Elever med funktionshinder bör så långt möjligt erbjudas undervisning inom ramen för skolans ordinarie organisation, såväl inom den obligatoriska som den frivilliga skolan. Genom att utnyttja den organisatoriska frihet som finns idag ges helt andra möjligheter att erbjuda eleverna en skolsituation anpassad efter den enskildes behov och förutsättningar än tidigare. En sådan organisation hör ofta ihop med ett förändrat arbetssätt som bygger på en nära samverkan mellan lärare i arbetslag. (Prop.1998/99:105, s. 19)

I den proposition som låg till grund för 2011 års läroplaner är man tämligen fåordig när det gäller frågan om det specialpedagogiska stödet och dess syfte. Man pekar på värdet av att stödinsatser sätts in tidigt och att kunskapskraven redan i årskurs tre skall ge vägledning när det gäller vilka elever som skall få stöd:

> Det huvudsakliga syftet med dessa kunskapskrav i årskurs 3, 6 och 9 är att ge lärarna stöd i arbetet med elevernas lärande och utveckling. Med nationellt utformade kunskapskrav i årskurs 3 får lärare bättre möjligheter att tidigt kunna identifiera elever som riskerar att inte nå skolans kunskapsmål och ge dessa elever adekvat stöd. (Prop. 2008/09:87, s. 18)

Målsättningen med ”En skola för alla” är att alla elever skall få möjlighet att känna delaktighet och gemenskap i en inkluderande miljö. Detta ställer naturligtvis stora krav på skolan och dess personal.

Den stora utmaningen är att motverka utstötning genom att ge alla elever möjlighet till utveckling och lärande utifrån sina förutsättningar. Om eller när detta inte lyckas är det alltför ofta skolan och lärarna som får bära ansvaret. Vad man skall komma ihåg är att statsmaktens uppdrag till skolan är motsägelsefullt. Erfarenheter både från vårt eget land och omvärlden visar att det vanligaste skälet till att elever anses behöva särskilt stöd är socioemotionella problem ofta i förening med beteendestörning. Många gånger har dessa elever inga svårigheter att klara skolans kunskapskrav men deras skolsituation är så besvärlig att den fordrar särskilda stödinsatser.

Som vi kommer att se i de kommande kapitlen är det just det förebyggande arbetet som utgör kärnan i den specialpedagogiska verksamheten, även om denna inriktning i allt högre grad kommit att ifrågasättas i utbildningspolitiska kretsar.

Staten ålägger alltså skolan ett omfattande ansvar när det gäller att ge stöd och hjälp åt de elever som behöver det men säger ingenting om hur stödet skall gestaltas. I det målstyrda utbildningssystemet anger staten ramarna för verksamheten i termer av mål och riktlinjer medan det är kommunernas och ytterst den lokala skolans ansvar att ge målen konkreta uttryck. Varje kommun är därför skyldig att redovisa sitt systematiska kvalitetsarbete där det skall framgå hur man i kommunen genomför den pedagogiska verksamheten så att målen uppfylls. Den tidigare skollagens krav på att man i kommunerna skulle ta fram kommunala skolplaner och lokala arbetsplaner är avskaffat fr.o.m. 2012.

Pedagogik och specialpedagogik

Pedagogik som vetenskaplig disciplin innefattar kunskapsområdet specialpedagogik. Vi har tidigare konstaterat att specialpedagogiken har en relativt kort historia medan frågor av specialpedagogisk karaktär naturligtvis alltid haft en given plats inom pedagogikämnet. Det har handlat om frågor som differentiering, individualisering, undervisning och lärande, och perspektiven har skiftat under olika epoker. Siv Fischbein, professor emerita vid Stockholms universitet, betonar vikten av att olika perspektiv och synsätt får leva sida vid sida och skriver:

> [Specialpedagogiken] får inte bara bli handikappvetenskap respektive utbildningssociologi eller didaktik. Alla delar måste rymmas inom ämnets ram. Risken är kanske störst att man tappar det sociologiska perspektivet eftersom det psykologiska och individinriktade har varit så dominerande inom specialpedagogiken. En relativ syn på svårigheter som relaterade till samspelet mellan individförutsättningar och omgivningskrav gör det dock nödvändigt att förena dessa olika perspektiv. (Fischbein, 1996, s. 97)

På vad sätt skiljer sig då specialpedagogik från pedagogik i allmänhet? Finns det anledning att tala om någon speciell pedagogik för vissa grupper och vari ligger i så fall det speciella? Om man betraktar specialpedagogik utifrån skrivningen i en regeringsproposition från slutet av 1980-talet blir definitionen tämligen vid. Det skulle då vara insatser för elever som faller utanför *den naturliga variationen i olikheter* (Prop. 1988/89:4, s. 80).

Detta resonemang innebär att det är problem av högst varierande slag som specialpedagogiken har att hantera, alltifrån inlärningssvårigheter beroende på låg begåvning till sociala störningar vars förklaring kan ligga i skolmiljön. De båda engelska forskarna Harry Gray och Andrea Freeman skriver:

> Problems of what constitute special educational needs arise, since there are difficulties in each component of the phrase. 'Special' has certain connotations relating to difference in a negative sense. If the child is outside the range of acceptability for the teacher, then the child can be defined as special... ...'educational' is also problematic, since it can be used to refer to education in the broadest sense, schooling or even to a part of schooling which is within certain curriculum areas, notably core areas... ...it is the devaluing aspect of the term [needs] which implies that the individual is needy, and is consequently powerless regardless to the context within which the identification took place, that is most contentious. (Freeman & Gray, 1989, s. 1)

Att försöka sig på en generell definition av termen specialpedagogik eller specialpedagogiska behov är således svårt. Vad vi emellertid kan konstatera när det gäller dess funktion är att specialpedagogiska insatser är avsedda att sättas in där den vanliga pedagogiken bedöms som otillräcklig.

Den specialpedagogiska definitionsfrågan är problematisk ur flera aspekter. Dels utgör specialpedagogiken ett *tvärvetenskapligt* kunskapsområde som hämtar sin teori från discipliner som psykologi, sociologi, medicin m.fl. Dels är specialpedagogiken *politisk-normativ* eftersom den handlar om hur samhället och dess medlemmar uttrycker hur människor med avvikelser av olika slag skall ha det nu och i framtiden. Sist men inte minst viktigt har specialpedagogiken att uppfylla en mängd *funktioner* i samhälle och skola, vilka inte alltid är klart uttryckta.

Den funktionella aspekten har i flera sammanhang lyfts fram som ett hinder för utveckling av det specialpedagogiska kunskapsområdet. Den amerikanske forskaren och tidigare hjälpklassläraren Thomas Skrtic (1991) menar att specialpedagoger, för att förstå och kunna utveckla fältets möjligheter, först av allt måste avtäcka och frigöra sig från de begränsningar som ligger i specialpedagogikens funktionella och professionella dimensioner. Vidare menar Skrtic att specialpedagogiken kan vara kontroversiell i relation till den vanliga pedagogiken eftersom den kan bidra till att den senare tvingas konfronteras med sina egna misslyckanden. Med stöd av den franske filosofen och idéhistorikern Michel Foucault hävdar Skrtic vidare att

> ... the most insightful way to understand society is to consider it from the perspective of the professions that have emerged to contain its failures. In this sense, special education can be understood as the profession that emerged ... to contain the failure of public education to educate its youth for full political, economic, and cultural participation in democracy. (s. 24)

Genom att kritiskt granska och försöka förstå motiv för specialpedagogisk verksamhet, kan vi enligt Skrtic få ökad kunskap om hur den kris som västvärldens utbildningssystem befinner sig i kan, om än inte lösas, så åtminstone lindras. Genom att blottlägga och analysera organisatoriska brister i skolan och effektivisera dess verksamhet kan sannolikt bättre förutsättningar skapas för en utbildning som skulle kunna omfatta alla barn.

En forskargrupp vid universitetet i Newcastle-upon-Tyne i England, Catherine Clark, Alan Dyson, Alan Millward och David Skidmore (1995), kritiserar Skrtics organisatoriska analys- och förståelseram och menar att detta endast är ytterligare ett försök att via ett utopiskt paradigmskifte lösa skolans problem. Det organisatoriska paradigmet har tillkommit som en reaktion på ett sociopolitiskt paradigm inom vilket strukturella skillnader i samhället anses återspeglas i institutionella verksamheter som t.ex. skolan. Det sociopolitiska paradigmet i sin tur avlöste ett psykologiskt-medicinskt paradigm där specialpedagogikens uppgift att avhjälpa individbundna brister fokuserades.

Författarna hävdar att historien borde ha lärt oss att vart och ett av dessa paradigm är otillräckligt för att förstå och förklara det specialpedagogiska områdets komplexitet. Vidare menar man att samtliga tre perspektiv kännetecknas av förenklade orsaksförklaringar i relation till såväl specialpedagogiska behov som åtgärder i syfte att tillfredsställa sådana behov. Vad som förenar dem är en "patologisering", vilken kräver behandling, och det som skiljer perspektiven åt är enbart objekten för patologiseringen. Det är vidare tveksamt om samförstånd eller ens en stabil "bästa lösning" kan uppnås. Snarare, menar författarna, skall olika uppfattningar konfronteras med varandra för att ge underlag för en dialog vilken i sin tur kan utveckla ny förståelse och nya handlingsstrategier. Det är i den praktiska verksamheten en sådan utveckling äger rum, inte inom universitet och andra akademiska sammanhang, och författarna skriver:

> The task in schools, therefore, may be much more one of surfacing and testing assumptions, of advocating, resisting and reconstructing resolutions than of building consensus around supposed solutions. (s. 95)

De amerikanska forskarna Stainback och Stainback (1990) hävdar att begreppet *special education*, som kan stå för antingen specialpedagogik eller specialundervisning eller både och, borde ersättas med *inclusive education* för att markera att det handlar om hel och full delaktighet för alla

> ... in a mainstream that is sensitive, flexible, and adaptive to unique needs where all students can receive whatever support and assistance they may need to fulfil their potential and develop friendship with their peers. (s. 20)

Den specialpedagogiska terminologin karakteriseras av begrepp som står för separation, fragmentisering och avvikelser, alla negativt laddade och belastade i det pedagogiska språket. Vidare säger Stainback och Stainback att eftersom specialundervisningen fungerat som ett sidoordnat parallellt system i skolan under så lång tid så har kunskapen att möta barns varierande behov i många fall gått förlorad. Tillgång till experter på "särskilda behov" har medfört att klasslärare lärt sig att "tänka bort" dessa elever i sin undervisningsplanering.

En OECD-rapport från 1995 åskådliggör komplexiteten i begreppet specialpedagogik, som där beskrivs som ett "cascade system" (OECD, 1995, s. 27) innefattande ett stort antal åtgärder från särskilt tillrättalagd undervisning till kvalificerad rådgivning och stöd åt klass- och ämneslärare. I rapporten presenteras specialpedagogiska åtgärder och integreringssträvanden i 21 OECD-länder. Genomgående kan konstateras att specialpedagogisk verksamhet tar sig olika uttryck mot bakgrund av såväl nationell utbildningspolitik som historiska och kulturella skillnader.

I vårt land har den specialpedagogiska definitionsfrågan under början av 2000-talet blivit föremål för förnyad diskussion. Detta kan förstås mot bakgrund av att bl.a. specialpedagogik som kunskapsområde expanderat kraftigt. Under 1980-talet fanns endast en professur i specialpedagogik i Sverige. Trettio år senare kan vi räkna till knappt tiotalet professorer i ämnet samtidigt som ett stort antal doktorsavhandlingar med fokus på specialpedagogiska frågeställningar lagts fram.

Grovt sett skulle man kunna säga att det går en skiljelinje mellan att analysera individens svårigheter som en fråga relaterad till den lokala utbildningsmiljön respektive till utbildningssystemet som samhällsinstitution. Björck-Åkesson, Granlund och Simeonsson (2005) sammanfattar de rådande definitionerna av specialpedagogik på följande sätt:

> Most contemporary descriptions focus on special education as a complex, multidisciplinary field based on education influenced by other fields of knowledge such as psychology, sociology and medicine. In addition special education is defined as a political/normative field focusing on marginalised individuals in society with inclusion, segregation, normality and deviation as central concepts. Above all, special education is described as the creation of optimal conditions for participation and learning in a "school for all". Research about disability and other individual characteristics and their consequences is also an area of interest in special education.

Citatet belyser det specialpedagogiska fältets vidd och mångfaldiga karaktär. Samtidigt ger en sådan förståelse av specialpedagogiken inte nödvändigtvis lärare hjälp i arbetet med elevers svårigheter i olika lärandemiljöer. Björck-Åkesson et al. hävdar att behovet att utveckla teori och praxis som beaktar komplexiteten i olika behandlingsprocesser, och deras resultat på ett individuellt plan är dåligt tillgodosett. Det är just den individuella behandlingen som man menar har visat sig kunna öka enskilda barns välbefinnande, till skillnad från behandlingar på samhällsnivå där effekterna för dessa elever är minimala eller åtminstone svåra att mäta. Det kontroversiella i en sådan ståndpunkt kommer att tas upp i ett senare kapitel.

Skola för normala

I en en nyligen utkommen bok tar den amerikanska författarinnan Alexandra Robbins upp frågan om rätten att vara annorlunda men ändå få tillhöra en grupp. Robbins har under en längre tid följt sju tonåringar som på olika sätt bär rollen som avvikare i skolan och bland sina kamrater. De sju går i olika high schools och har det gemensamt att de alla representerar något som stämmer in dåligt på den gängse normen. Någon är för duktig och presterar allt för bra i skolan, någon är blyg, någon lyssnar på fel musik, någon har fel kläder etc. Normerna sätts av de tongivande ungdomsgrupperna men hämtas från mediala krafter som har ekonomiska intressen i tonåringars sökande efter gemenskap. Robbins budskap är att ett sådant utanförskap aldrig kan upphöra genom att försöka anpassa sig till den rådande normen och lanserar vad hon kallar Quirk Theory:

> Many of the differences that cause a student to be excluded in school are the same traits or real-world skills that others will value, love, respect, or find compelling about that person in adulthood and outside of the school setting. (Robbins, 2011, s. 8)

Det mest bekymmersamma enligt Robbins är de vuxnas oförmåga eller t.o.m. ovilja att förstå och motverka de mekanismer som skapar innanförskap och utanförskap. Direkt förödande blir detta i skolan där den utsatte inte har möjlighet att dra sig undan eller söka sig till andra. Obligatoriet att gå till skolan hur hemsk den än upplevs, ligger bakom en stor del av elevers frånvaro och leder inte sällan till skolvägran.

Robbins iakttagelser är lätta att överföra till vår egen kontext. I Sverige började nya läroplaner att tillämpas hösten 2011. Det innebär att betyg sätts redan från årskurs sex och att nationella prov ges tidigare. Ökade prestationskrav sammanfaller således med de flesta elevers inträde i puberteten. Det är under denna tid som frågor om identitet, grupptillhörighet och självbild börjar uppta en allt större del av ungdomarnas liv. Känsligheten för utanförskap är stor och skolan har således en viktig uppgift att inte motverka upplevelsen av en positiv grupptillhörighet. Det är just därför varje gruppsammansättning blir så viktig. Om skolan börjar laborera med olika slag av nivågrupperingar får det konsekvenser för elevers självbild och därmed också prestationer. T.ex. har Skaalvik och Skaalvik (1996) visat att 13–14-åriga elevers självuppfattning har blivit så pass stabil att deras skolprestationer påverkas av hur de uppfattar sig själva vilket inte är fallet i lägre åldrar. Yngre barns självuppfattning påverkas av deras skolprestationer medan det omvända förhållandet är svårare att bekräfta (s. 62).

De yngre tonåren är således en känslig tid när det gäller konsekvenser av hur skolan differentierar sin verksamhet. Det är självklart så att om elever vars bedömda möjligheter att klara av kunskapskraven, placeras i särskilda undervisningsgrupper, så skapar detta en särskild gruppidentitet. Om skolan dessutom sänker förväntningarna och kraven på dessa elever, minskar sannolikheten att de skall lyckas – tvärtemot vad avsikten var med placeringen. Självbilden blir negativ och självförtroendet byggs upp med andra referenser än att lyckas i skolan. Robbins varnar också för att lärare kan utgå från andra kriterier än enbart kunskapsmässiga vid denna typ av differentiering. Det kan t.ex. vara så att de kamratrelationer som finns i klassen kan få betydelse även om relationerna är negativa:

> Teachers may take the social structure of the class into account in making ability group assignments in an effort to utilize student friendships to promote learning. As a result, the presence of cliques can affect a teacher's decision regarding the number, size, and composition of tracks and ability groups in a school. These grouping characteristics, in time, affect student achievement. (s. 301)

Men det är inte bara faktorer på individuell nivå, dvs. vad elever lärare och skolledare gör och tänker, som är avgörande. Robbins menar att en bild av önskvärd normalitet i hög grad orsakas av själva utbildningssystemet och skriver:

> Students alone did not cause these boundaries. The No Child Left Behind law, a disproportionate emphasis on SATs, APs, and other standardized tests, and a suffcating homogenization of the U.S. education system have all contributed to a rabidly conformist atmosphere that stifles unique people, ideas and expression.[4] (Robbins, 2011, s. 6)

---

4 År 2001 inleddes under dåvarande president George W. Bushs ledning en omfattande förändring av den federala styrningen av utbildningsväsendet i USA. Under parollen No Child Left Behind (NCLB) skulle kvaliteten i landets skolor höjas och säkras och nyckelorden var "testing, choice and accountability".

Denna konformitet får näring av den nationella kontrollstyrningen. Lärare vet att de har press på sig att få så många elever godkända som möjligt för att deras skola därmed skall få en god ranking. Men, säger Robbins, risken är att konsekvensen blir att vi lär eleverna att foglighet är målet, att anpassning till en normalitetsnorm skall medföra framgång. I stället borde skolan stimulera till nyfikenhet och kreativitet, till problemlösningsförmåga och olika lösningsstrategier. Den starka ämnesfokuseringen fjärmar skolan från samhället i övrigt och förstärker en gammaldags syn på vad som är viktig kunskap:

> As schools whitewash their populations into a sterile sameness, creativity fades. School impose an hierarchy on subjects, with unequal credit requirements for arts, sciences, humanities, physical education, languages, and mathematics. Rather than using interdisciplinary curricula designed to encourage learning related to students' interests, skills, and learning styles, many schools overlook the fact that not all students learn best the same way. (Robbins, 2011, s. 314)

I Sverige pågår ett utbildningspolitiskt reformarbete som i allt väsentligt liknar de senaste tio årens amerikanska utveckling. Liksom i USA har fokus lagts på traditionella skolämnen och mätbara kunskaper i relation till dessa. Betyg införs från årskurs sex och nationella prov får eleverna redan i trean. Men i reformarbetet om 2000-talets svenska skola diskuteras inte kunskapsbegreppet i särskilt stor omfattning. Däremot används ”kunskap” i den politiska retoriken som om det vore absolut och en gång för alla definierat. I regeringens proposition om nya läroplaner för skolan (Prop. 2008/09:87) nämns kunskap mer än hundra gånger, oftast sammansatt med -krav medan ord som demokrati och fostran inte alls finns med. Även honnörsbegrepp som En skola för alla, inkludering, jämställdhet och jämlikhet lyser med sin frånvaro. Att detta kommer att få konsekvenser för innehållet i framtidens svenska skola är givet.

Skola för onormala

Forskaren Thom Axelsson (2007) beskriver i sin doktorsavhandling *Rätt elev i rätt klass: Skola, begåvning och styrning 1910–1950* hur frågan om hur elever som avvek från det som bedömdes som normalt, hanterats under första hälften av 1900-talet. Vid denna tid sågs intelligenstestning som en absolut objektiv metod att skilja individer från varandra i intellektuellt avseende vilket illustreras med hjälp av den skala som användes i Psykologisk-pedagogisk uppslagsbok 1944. Där indelades befolkningen i följande elva klasser med utgångspunkt i IQ-testen:

Idioter	–24	
Imbecilla	25–49	
Debila	50–74	
Intellektuellt efterblivna	75–84	
Dumma	85–94	
Normalt utvecklade	95–104	
Goda begåvningar	105–114	
Mycket goda begåvningar	115–124	
Överlägsna begåvningar	125–149	
Mycket överlägsna begåvningar	150–174	
Ytterst sällsynta begåvningar	175–	(Teveborg, 1999, s. 87)

Det var enligt denna kategorisering tämligen få individer som kunde anses som ”normala”, vilket återspeglades i skolsystemet. Särskilt intressant kan det vara att studera hur ett snävt normalitetstänkande under denna tid präglar synen på hur eleverna skulle fördelas på olika skolformer. Axelsson skriver:

> Normal var den som kunde följa med i undervisningen och uppföra sig på ett lämpligt sätt. De normala borde ha en genomsnittsintelligens vilket beskrivet i siffror innebar en IQ mellan 90–110. (Axelsson, 2007, s. 103)

De elever som låg på en begåvningsnivå mellan IQ 80 och 90 ansågs vara för duktiga för att gå i hjälpklass och för svaga för att få tillhöra normalklass. Lösningen blev att man inrättade s.k. svagklasser dit dessa elever fördes. Översatt till IQ-skalan Stanford Binet innebär det att mindre än 50 procent av eleverna skulle kunna betraktas som normala, ett förhållande som i sig illustrerar hur absurd den här slags begåvningskategorisering är. Främst brist på testpersonal gjorde att de flesta elever trots allt tilläts följa undervisningen i den vanliga skolan. För många elever var detta räddningen eftersom det visade sig vara betydligt enklare för en elev att bli placerad i svagklass än att därifrån bli återförd till de vanliga klasserna.

Behovet av kategorisering och diagnostisering

Det tidiga 1900-talets kategoriseringsterminologi kan idag förefalla obehaglig och konsekvenserna av åtskiljningen mellan olika elevgrupper som brutal. Ofta genomfördes placering i idiotskola, hjälpklass och svagklass mot föräldrarnas vilja och dessa elevers framtida möjligheter på arbetsmarknaden begränsades. Även om det under 2000-talets första decennier inte är en lika stor andel som bedöms ha svårt att uppfylla kraven för normalitet så är det ändå en stor andel av årskullarna som efter olika utredningar bedöms som så annorlunda att de blir föremål för stödåtgärder. I Danmark och Norge förs en livlig diskussion om orsakerna till att dessa grupper ökar i antal och Nordahl (2012) för fram ett antal möjliga förklaringar:

– Tendensen generelt i grunnskolen til en mer individualisert og målorientert undervisning kan bidra til at stadig flere elever ikke får et tilfredsstillende utbytte av den vanlige undervisningen.

– Kvaliteten på den vanlige undervisningen har blitt dårligere for noen grupper av elever og dermed får flere behov for spesialundervisning

– Nasjonale prøver og en internasjonalisering av skolen kan ha bidratt til et faglig press som virker ekskluderende.

– Spesialundervisning kan ha en stabiliserende funksjon i grunnskolen. Den skjuler utfordringene i grunnskolen ved at fokuset rettes på individet.

I båda länderna ligger andelen elever som efter utredning och diagnossättning får omfattande specialpedagogiskt stöd på omkring åtta procent. Hur läget ser ut i Sverige vet vi inte eftersom sådan statistik saknas här.

Sally Tomlinson vid University of Oxford i England har i en artikel belyst vad hon kallar *The irrestible rise of the SEN*[5] *industry*, ur ett historiskt perspektiv och konstaterar att det är en typiskt västerländsk företeelse att allt fler elever idag anses ha så stora svårigheter att de behöver specialpedagogiskt stöd:

> Although historically middle-class parents usually denied they had ”defective” children, and avoided stigmatised categorisation or schooling, now the middle classes and aspirant parents increasing claim classification, funding and resourcing for children who are unlikely to achieve in competitive market-driven school systems. (Tomlinson, 2012, s. 267)

Tomlinson drar slutsatsen att alerta föräldrar i omtänksamhet om sina barns framtid gör allt de kan för att hindra ett kommande utanförskap i utbildning och yrkesliv. Det ökande föräldraengagemanget ställer nya krav på skolan att utforma undervisningen för deras barn på ett sätt som kan leda till framgång:

> An underlying explanation for widespread parental increase in demand for special educational services is connected with the ideologies underpinning the competitive nature of education systems in global market economies, and the insistence that higher levels of education in the form of national and international tests, qualifications, diplomas and entry to higher education are necessary in order to function in a knowledge economy. (s. 279)

Paradoxalt nog efterfrågas ofta stödåtgärder enskilt eller i liten grupp eftersom det är en allmän uppfattning att detta är det mest

---

5 Special Educational Needs.

effektiva sättet att komma till rätta med elevernas bekymmer. Nordahl (2012) konstaterar med stöd av resultat från sin egen forskning att specialpedagogiskt stöd i segregrade miljöer riskerar att på sikt verka negativt för eleven:

> – Elever som mottar spesialundervisning har en betydelig lavere motivasjon og arbeidsinnsats enn andre elever
>
> – Spesialundervisningselevene viser en klart lavere sosial kompetanse enn øvrige elever
>
> – De trives noe dårligere enn andre elever og er mer utsatt for mobbing
>
> – De siste 10 årene har kjønnsfordelingen vært 70 % gutter og 30 % jenter. (Nordahl, 2012)

Det är viktigt att påpeka att det inte nödvändigtvis är så att dessa elevers bristande motivation, sociala kompetens och trivsel skulle vara ett resultat av specialundervisningen. Det förefaller emellertid som att, det specialpedagogiska stödet till trots, eleverna har en problematisk skolgång.

Det finska undret

Alltsedan PISA-undersökningarna[6] lanserades år 2000 har Finland framstått som ett av världens främsta länder vad gäller skolresultat. Tillsammans med Singapore, Sydkorea och Hongkong toppar man statistiken i mätning efter mätning. Duktiga lärare, en stabil utbildningspolitik och starkt fokus på läsning brukar framhållas som viktiga skäl till de finska framgångarna. Kristina Ström, professor i specialpedagogik vid Åbo Akademi, diskuterar i en artikel (Ström, 2013) specialpedagogikens roll för de goda finska resultaten på internationella kunskapsmätningar:

> När det specialpedagogiska stödet analyseras framträder vissa karaktäristiska drag; prevention, fokus på läsning och skrivning, låg tröskel till stöd, individanpassning samt forskningsbaserat kartläggnings- och

6 Programme for International Student Assessment.

träningsmaterial. Det specialpedagogiska stödets preventiva karaktär syns i de åtgärder som strävar till att dels identifiera riskfaktorer för utveckling och lärande redan före skoláldern, dels skapa en obruten kedja av stödåtgärder från förskola till skola. Övergången från förskola till skola förbereds noggrant och personalen strävar tillsammans med föräldrarna att skapa så goda lärandemiljöer som möjligt för barn i behov av stöd. (s. 32)

Även om det inte kan beläggas empiriskt så gör Ström bedömningen att den omfattande specialpedagogiska verksamheten kan ha betydelse för finska elevers goda skolprestationer. Samtidigt har skolmyndigheterna precis som i Danmark och Norge oroats över den stora andel elever som bedöms behöva särskilt stöd. 2010 fick ungefär 30 procent av de finska grundskoleeleverna specialpedagogiskt stöd av vilka en knapp tredjedel erhöll den mest avancerade varianten *överföring till specialundervisning*, dvs. specialundervisning på heltid. Detta behövde enligt Ström inte innebära undervisning i segregerade former men i praktiken var detta den vanligast förekommande modellen.

Kritiken mot att så mycket som var tionde elev i den finska skolan ansågs ha så stora problem att man inte kunde undervisas i vanliga klasser ledde till omfattande förändringar inte minst vad gäller överföring till specialundervisning. Idag är det betydligt ovanligare att det sker än tidigare.

Vad vi kan konstatera är att finska elever i likhet med danska och norska i ökande grad bedöms ha svårigheter att klara kraven i den vanliga undervisningen och därför blir föremål för mer eller mindre avancerade stödåtgärder. Dessvärre finns ingen svensk statistik som möjliggör en jämförelse mellan våra länder när det gäller frågan om den specialpedagogiska verksamhetens omfattning och inriktning.

Specialpedagogik som kunskapsområde

Den vetenskapliga basen

Att försöka definiera en teoretisk utgångspunkt för att belysa och förstå specialpedagogikens kunskapsmässiga, sociala, professionella och praxisrelaterade dimensioner är problematiskt. Ett skäl till detta är specialpedagogikens flerdimensionalitet. I sin beskrivning av *specialpedagogisk kunskap som socialt problem* tar Helldin (1997) sin teoretiska utgångspunkt i såväl Foucaults religions- och sjukdomstolkningar som Kuhns, Plants och Wittgensteins vetenskapsteoretiska diskussioner, Descartes förnuftsresonemang, Hegels filosofi och Rawls rättviseprinciper. Helldins sökande efter specialpedagogiska teorier antyder egentligen främst att specialpedagogiken har (eller åtminstone har haft) svag teoriförankring.

Detta är också vad Skrtic (1988) hävdar i sin beskrivning av den teoretiska kritiken av specialpedagogik som kunskapsområde. Skrtic menar att denna kritik inte bara handlat om specialpedagogikens brist på teoriförankring utan även att den utgått från en både grumlig och felaktig teori (s. 427). Kritiken har framförts såväl från föräldrar och olika handikappgrupper som från vetenskapssamhället, främst från samhällsvetenskaperna. Däremot har kritiken varit mycket måttfull från de specialpedagogiska yrkesföreträdarna, vilket enligt Skrtic kan ses som uttryck för ett värnande om den egna professionen.

Studerar man senare års beskrivningar och analyser av specialpedagogikens teori och praktik återfinns liknande mönster hos flera av dess kritiker. Gemensamt är att specialpedagogikens kris ses som paradigmatisk och att det förhärskande paradigmet bygger på en snävt biologisk-medicinsk och psykologisk syn på avvikelser. Den biologisk-medicinska synen tar sin utgångspunkt i en patologimodell där normalitet lite förenklat kan definieras som frånvaro av sjukdomssymtom. Den psykologiska synen baseras på en statistisk modell, dvs. normalfördelningskurvan, där individens position i förhållande till andra i fördelningen relateras till gränser mellan avvikelse och normalitet. Båda synsätten bygger på individuell diagnostik, och gränserna för vad som kan betraktas som en *normal* variation i olikheter är som regel godtyckligt bestämda.

Många av kritikerna har också en gemensam syn på de specialpedagogiska konsekvenserna av ett sådant synsätt. Specialpedagogik skall fungera välgörande för individen. Om än inte symtomen kan elimineras så kan de eller deras konsekvenser åtminstone lindras. Målet för verksamheten är att genom en lämplig behandling göra livet i samhället så drägligt som möjligt för den avvikande. Lokaliseringen av avvikelsen till individen själv och beskrivningen av den som en funktionsstörning innebär vidare att individens omgivning i ringa grad ifrågasätts eller utmanas som orsak till att svårigheter uppkommer. Man kan också lägga märke till att de uppkomna avvikelsedefinitionerna – diagnoserna – ofta har sin grund i ”störande” eller andra problematiska beteenden som uppmärksammats i vanliga skolsituationer.

Det vore emellertid inte korrekt att påstå att det ovan beskrivna paradigmet varit statiskt under de senare decennierna. Så är det naturligtvis inte. De genomgripande utbildningsreformerna från slutet av 1940-talet till slutet av 1970-talet har medverkat till en i många avseenden helt annorlunda behandling av de avvikande. Institutionsplacering, som tidigare setts som det bästa behandlingsalternativet, har i stor utsträckning ersatts med eget boende i vanliga bostadsområden där så har varit möjligt, och separata skolformer för elever med störningar har ersatts med integrerade lösningar av olika slag. Fortfarande lokaliseras emellertid avvikelsen i hög grad till individen själv och det grundläggande mönstret har varit påfallande stabilt över tid och reformer.

I sina analyser av specialpedagogikens funktion i utbildningssystemet stöder sig Skrtic på Foucaults genealogiska studier. Genealogi brukar beskrivas som hjälpvetenskap till historia och antropologi. Foucault använder begreppet annorlunda och menar att genealogen i stället för att peka på historiens djupare lagmässighet har som uppgift att påvisa villkorligheternas, tillfälligheternas, lögnens och olyckornas dominerande bidrag till den historiska utvecklingen.

Den foucaultianska kritiken riktar sig främst mot sociala institutioners professionshierarkier och den makt som ligger hos utövarna av professionerna. Det är just dessa yrkesutövare som har makt att tolka *normalitet* och därmed avgöra var gränser mellan normalitet och abnormalitet sätts. Lärare får i jämförelse med läkare anses ha låg yrkesstatus, vilket medför att medicinska och liknande diagnoser i hög grad okritiskt dominerat som kriterier på behov av specialpedagogiska åtgärder. Dessutom utgör en medicinsk diagnos ofta nyckeln till resursförstärkning vilket bidrar till att motivera dess användning. På så sätt kan professionernas hierarkiska ordning bidra till "lösningar" som för den enskilde "avvikaren" kan vara mindre ändamålsenliga.

Specialpedagogisk forskning

Under 1990-talet och början av 2000-talet har den specialpedagogiska forskningen genomgått en radikal och snabb utveckling såväl internationellt som nationellt. Ett kännetecknande drag i denna utveckling är att det på senare tid blivit alltmer befogat att skilja mellan specialpedagogisk forskning och forskning, som bedrivs inom närliggande discipliner, t.ex. medicin, teknik och psykologi. Kunskap om funktionsnedsättningar är naturligtvis en viktig del av specialpedagogikens kunskapsbas och samverkan med denna forskning är betydelsefull. Det har emellertid blivit alltmer nödvändigt för specialpedagogikens utveckling att förstå att kunskap direkt knuten till individer och diagnostiserade syndrom inte räcker som underlag för förståelse och utveckling av specialpedagogisk kompetens och verksamhet. De tidigare alltför snäva utgångspunkterna för specialpedagogiskt tänkande och arbete har i många fall medverkat till segregering och avskiljning. Detta kan främst förklaras med att de förhållanden, processer, värderingar och krav som kännetecknar verksamheter i s.k. normala miljöer tagits för givna och inte ansetts möjliga eller ens nödvändiga att förändra.

Under senare år har den specialpedagogiska forskningen börjat anta utmaningen att kritiskt granska de miljöbetingelser under vilka specialpedagogiska behov kan tänkas uppkomma. Det vore fel att säga att ett paradigmskifte inträffat – snarare är det så att den individfokuserade forskningen fortfarande finns men att den miljörelaterade forskningen fått utökat utrymme. Delvis hänger detta samman med att anslagsgivare för olika forskningsprogram prioriterat det senare perspektivet. Detta är ett mönster som går igen i västvärlden och som i många fall ledsagas av en ganska hätsk debatt kopplad till ideologiska ståndpunkter. Grovt sett kan detta sägas handla om huruvida ett system som bygger på "inclusion" är bättre än ett som bygger på lösningar där individers avvikelser utgör motiv för skilda utbildningsmiljöer – "exclusion". I USA har denna debatt pågått i ett par decennier och forskningen har i många fall betecknats som ideologisk och resultaten som politiskt färgade.

Ellen Brantlinger, forskare vid University of Indiana i USA, har i en numera klassisk artikel i den amerikanska tidskriften *Review of Educational Research* (Brantlinger, 1997) beskrivit hur specialpedagogisk forskning i USA kommit att utvecklas i dessa två riktningar. I sin genomgång kan hon konstatera att debatten för eller mot en "inclusive school" blivit alltmer polariserad och att företrädare för olika forskningsinriktningar använder hätska argument för att hävda sina ståndpunkter. Debatten handlar om huruvida det är etiskt försvarbart att använda forskningsresultat för att hänföra barn och unga till olika kategorier och därmed utbildningsmiljöer. Vilka de långsiktiga konsekvenserna av en sådan uppdelning blir vet vi inte särskilt mycket om. T.ex. har Grant och Sleeter (1986) funnit starka samband mellan specialpedagogisk klassificering och socialgruppstillhörighet, etniskt ursprung och kön. Algozzine och Ysseldyke (1983) beskrev de stigmatiserande konsekvenserna av klassificeringen som specialundervisningselev, liksom Skrtic (1991). Gartner och Lipsky (1987) ifrågasatte den medicinska modellens förklaringsvärde vid definitionen av avvikelse från normen. Gemensamt för kritikerna var rekommendationen att överväga konsekvenserna av segregerande åtgärder, och de mest radikala föreslog att specialundervisning skulle upphöra som ett separat system vid sidan av den reguljära skolverksamheten. Olika slag av differentieringsstudier hade, utan att specifikt studera konsekvenser av specialundervisning, visat att positiva effekter av segregerade utbildningsmiljöer var svåra att finna. Snarare kunde forskare som Jenny Oakes (1985) påvisa negativa effekter av sådana arrangemang.

Under nittiotalet har motsättningarna mellan förespråkare för respektive motståndare till *inclusion* vuxit sig allt starkare. Brantlinger skriver: "Using the language of civil rights, advocates of inclusion describe pull-out programs as segregated and discriminatory. Those on the other side feel that inclusion does not meet the special needs of all students with disabilities" (s. 429). Motståndsrörelsen hävdar att inclusion-förespråkarnas argument snarare är av ideologisk än empirisk natur samtidigt som man är oense om huruvida argumenten kan betraktas som radikala eller reaktionära. Vad som talar för en radikal inriktning av argumentationen är att inclusion-förespråkarna i motsats till traditionalisterna inte ser skolan som tagen för given utan snarare hävdar att den behöver genomgå en genomgripande omstrukturering för att möjliggöra utbildning för alla. Detta i sin tur bygger på att man i den grundläggande lärarutbildningen förbereder för den stora variationen av olikheter i det ordinarie klassrummet. Brantlinger hävdar också att den traditionella synen på specialpedagogisk verksamhet har ett tydligt maktperspektiv och skriver: "With a charitable, *we*-are-doing-good-for-*them* image, special education blesses 'patient' and 'dedicated' professionals and disguises insidious effects on powerless students by euphemisms and silences" (s. 441). Konfrontationer av det här slaget har vi knappast upplevt i den svenska debatten vilket möjligen kan förstås som självpåtagen hövlighet eller än värre – som ängslan för akademiska konfrontationer.

Den traditionalistiska falangen har starkt stöd för sina ståndpunkter bland lärare i allmänhet som upplever det som betydligt arbetsammare om klasserna är mycket heterogent sammansatta. Beslutsfattare och pedagogikforskare uppfattas inte sällan som utopister fjärran från det dagliga slitet i klassrummet. Fuchs och Fuchs

(1997) ser också en fara i en ohelig allians mellan förespråkare för inclusion och ekonomiansvariga i skoldistrikten och skriver att "... calls for full inclusion – eliminating special education placements and redeploying resources into mainstreaming settings – will be understood to mean that all children can survive on a regular education diet; that monies saved by downsizing special education can be returned to taxpayers" (s. 229). Inclusion-förespråkarna anklagas för att spela under täcket med konservativa krafter vars främsta mål är att sänka skatterna. Konsekvenserna blir då ödesdigra för de elever som skulle behöva tillgång till extra resurser för att kunna kompensera sina brister.

Även på den globala arenan förekommer liknande resonemang. Derrick Armstrong hänvisar till Världsbankens policy när det gäller lån till utvecklingsländer. Där argumenteras för utbildningssystem som vilar på inkludering som princip:

> If segregated special education is to be provided for all children with special educational needs, the cost will be enormous and prohibitive for all developing countries. If integrated in-class provision with a support teacher system is envisaged for the vast majority of children with special educational needs, then the additional costs can be marginal, if not negligible. (Armstrong, 2005)

Det tragiska i sammanhanget är att de argument, som från början användes för att skapa ett mer inkluderande samhälle, kan i händerna på ekonomiska intressen verka i rakt motsatt riktning.

Specialpedagogikens ideologiska eller politiskt-normativa dimension, som den beskrivits ovan, kan sägas ha utgjort en belastning för dess teoriutveckling. Det är emellertid viktigt att komma ihåg att även *pedagogiken* som vetenskaplig disciplin har samma normativa inslag. Den norske reformpedagogen Erling Kristvik har på ett träffande sätt beskrivit den normativa dimensionen så att "... pedagogikken skulle som oppdragelsevitenskap være en oppdragende vitenskap. Pedagogikk er ein norm-*vetskap*, ein vetskap om det som *bør være*, ikkje først og fremst om det som *er*" (Slagstad, 1998, s. 104).

Specialpedagogikens fokus på grupper som har svårigheter av olika slag innebär att samhälleliga intentioner i olika avseenden påverkar fältet. Men även olika intresseorganisationer har betydelse för forskningens inriktning och därmed teoriutvecklingen. Vid t.ex. Riksförbundets För Utvecklingsstörda Barn, ungdomar och vuxna (FUB) forskningsstiftelse *ala*[7] bedrivs sedan många år framgångsrik forskning om utvecklingsstörning. Det handlar i huvudsak om psykologisk-pedagogisk forskning där man försöker beskriva funktionsnedsättningens karaktär, dess psykologiska konsekvenser för personlighetsutvecklingen, hur individ och miljö samverkar samt hur miljön bör anpassas.

Den politiskt-normativa basen

Specialpedagogikens politiskt-normativa bas utgörs av dess ursprung i och täta knytning till sociala samhällsprocesser i stort. Utgångspunkten är solidaritet med svaga och utsatta och en politiskt uttryckt vilja att särskilt stödja dessa grupper. Grupper som är resurssvaga i olika avseenden skall i någon grad kunna kompenseras och i utbildningssammanhang innebär detta olika slag av pedagogiska stödåtgärder. Att synen på svaga och utsatta grupper är starkt tids- och situationsberoende kan illustreras med ett drastiskt exempel. Om man tänker sig att den specialpedagogiska kontexten är Tyskland i slutet av 1930-talet, så är det lätt att föreställa sig att ”åtgärderna” för att komma till rätta med avvikelser från normen skulle ha sett brutalt annorlunda ut. ”Lösningen” hade då en annan betydelse som en konsekvens av att målen för det samhället var annorlunda än för det svenska samhället av idag.

Men vilken betydelse har dagens svenska samhälle för synen på och förståelsen av avvikelser och specialpedagogisk verksamhet? Det tas för givet att företeelser som förtryck, diskriminering och exkludering är av ondo, vilket knappast kan ifrågasättas. Det intres-

---

7 ala står för *anpassning till liv och arbete*. Riksförbundet FUB grundade stiftelsen 1964.

santa är emellertid att deras motsatser därmed också tas för givna som goda. Det innebär att likvärdighet, deltagande och inkludering blir vägledande för hur skolans verksamhet skall bedrivas. Men det är viktigt att komma ihåg att vi har få empiriska belägg för att så är fallet. Ett av skälen till detta är att det är förenat med betydande metodologiska svårigheter att genomföra forskningsstudier som kan klarlägga konsekvenserna av den ena eller andra utgångspunkten. Clark, Dyson och Millward (1998) hävdar att den specialpedagogiska forskningen snarare ägnat sig åt att försöka utröna hur pass väl skolor lyckas implementera dessa principer än om, och i så fall hur, de gagnar barn och unga och skriver:

> The question is not whether such principles actually work for the benefit of children, or whether it is possible for schools to realise them; rather, it is how far and in what ways schools are successful in realising principles that are not susceptible to empirical investigation. (s. 163)

I en översikt över specialpedagogisk forskning i Sverige skriver Emanuelsson, Persson och Rosenqvist (2001):

> Det behövs forskning, som kritiskt studerar och analyserar olika uttryck för en sammanhållen, gemensam och inkluderande skola som målsättning och värdebaserat ideal. Är en sådan utbildningsmiljö egentligen önskvärd och i så fall med vilka motiveringar? Forskning av detta slag skulle troligen betyda ingående analyser av politiskt fattade beslut och policydokument med fokus på konsekvens och/eller motsägelser, vad som skall förstås som övergripande och underordnat, etc. Ett väsentligt område gäller vidare frågor kring realiteter i olika aktörers faktiska möjligheter till deltagande och medbestämmande. Detta kan inte genomföras utan studier av maktförhållanden på olika nivåer i skolsystemet, främst hur reell makt fördelas mellan politiker, professionella, målsmän och elever. Av speciellt intresse är detta i frågor som har med resursfördelning i vid mening, fastställande av mål – "strävansmål" likaväl som etappmål – planering och organisation av utbildning och undervisning m.m., vilka alla kan sägas vara områden där maktutövande kommer till uttryck. Mer övergripande handlar det mer eller mindre tydligt egentligen

om studier av frågeställningen: "Till vad skall vi ha 'en skola för alla' och för vilka syften skall den i så fall eftersträvas". (s. 143)

Vad författarna här pekar på som *ett* fokus för angelägen forskning inom det specialpedagogiska fältet är hela idén med en sammanhållen skola för alla. Även om det råder, och under de senaste 50 åren har rått, en relativt starkt partipolitisk enighet kring värdet av en sammanhållen skola – en skola för alla – så har forskningen i liten utsträckning studerat dess effekter för olika grupper av barn och ungdomar. Ett exempel på denna problematik är målsystemet i den svenska skolan, där fastställda kravnivåer i hög grad kommit att definiera vilka elever som skall få specialpedagogiskt stöd och vilka som inte skall få det. Detta visar på hur ett politiskt beslut – att alla skall uppfylla samma krav vid samma tidpunkt – kommer att avgränsa den grupp som blir specialpedagogikens "klienter". Det är givet att den specialpedagogiska teoriutveckling som tar sin utgångspunkt i sådana förhållanden blir annorlunda än den som har en annan utgångspunkt, t.ex. i ett annat skolsystem. Det förefaller alltså som om specialpedagogiken även framdeles kommer att få leva med svårigheter att definiera en användbar teoretisk bas.

Den handlingsorienterade basen

Inte sällan har, som vi tidigare behandlat, specialpedagogiken kritiserats för sin brist på teoriförankring och -utveckling. Detta har förklarats med att förväntningarna på den specialpedagogiska verksamheten varit att ta på sig uppgiften att träda in där den vanliga pedagogiken misslyckats. Som vi kommer att se i kapitel 4 är det vanligt att skolans personal sätter likhetstecken mellan *specialpedagogik* och *specialundervisning* och att det är just den praktiska aktiviteten, handlandet, som är primärt. Det är naturligtvis inte förvånande att lärare förstår fältet på det sättet, men som vi tidigare kunnat konstatera kan ett sådant synsätt innebära att specialpedagogik som kunskapsområde inte utsätts för den analys, granskning och kritik som skulle kunna bidra till områdets utveckling. Stangvik

(1994) hävdar att specialpedagogikens dilemma är att den av tradition är "inlåst i ett undervisningsparadigm" (s. 24), vilket medfört att nödvändig kunskapsutveckling inte ägt rum eller åtminstone hämmats.

Det finns emellertid skäl att poängtera att specialpedagogikens starka praxisanknytning inte skall ringaktas. All pedagogisk och specialpedagogisk verksamhet syftar ju till att genom olika slag av påverkansprocesser på ett positivt sätt påverka den eller dem som utsätts för verksamheten. Det praktiska utövandet och interaktionen mellan lärare och den lärande kommer då att bli avgörande.

Skrtic (1991) menar att den altruistiska roll specialpedagogiken spelat (och fortfarande spelar) i skolan har bidragit till att dölja problem och fördröja nödvändig utveckling och förnyelse av pedagogiken. Skrtic skriver:

> ... as an institutional practice of public education, special education, I will argue, prevents education from confronting its failures, and thus ultimately precludes meaningful reform. (s. 24)

Skrtics resonemang är intressant och pekar på det ömsesidiga beroendet mellan pedagogik och specialpedagogik. Eftersom specialpedagogiken finns att tillgå, kan pedagogiken snäva in gränserna för "det normala" och avhända sig ansvaret för det som ligger i normalitetens utkant. Specialpedagogiken å sin sida är för sin existens beroende av att få klienter från den vanliga pedagogiska verksamheten och måste visa att det är något "speciellt" som "speciella" lärare gör med "speciella" barn.

Den australiensiska forskaren Gilian Fulcher (1989) menar att det är riskfyllt att låta skolans specialpedagogiska verksamhet bli alltför omfattande, vilket skulle kunna medföra utstötning av avvikare från det gemensamma. Den specialutbildade läraren behöver elever för att motivera sin plats bland skolans personal, vilket enligt Fulcher medför att dessa elever riskerar att etiketteras som avvikare trots att deras problem kan ligga i att de är utsatta för dålig pedagogik snarare än att de själva är annorlunda:

> … a tactic deployed to construct an identity of disabled for a wide range of students whom teachers find difficult to teach in regular classrooms: for many of those described as having a 'learning difficulty', or as disruptive or socioemotionally handicapped, an impairment cannot be presumed to be present. (s. 57)

Sunderland (1989) diskuterar i en debattartikel specialundervisningens omfattning och den tysta överenskommelsen mellan special- och klasslärare och konstaterar:

> The teaching profession has complied with the expansion of the special needs sector because mainstream teachers have an interest in avoiding dealing with special needs pupils and special education teachers need referrals in order to remain in business. (s. 87)

Specialpedagogisk verksamhet skulle således paradoxalt nog kunna ses som medverkande till att elever etiketteras som avvikande. Att en sådan etikett kan vara mycket svår att få bort är väl känt bl.a. från den s.k. stämplingsteorin, inom vilken etiketter som sätts på människor kan få avgörande betydelse för hur de uppfattar sig själva. Urvalskriterierna för rekrytering av elever till den specialpedagogiska verksamheten i skolan blir då kritiska och viktiga. Vikten av grundliga överväganden i samband med att en elev får tillgång till specialpedagogiska insatser betonas i förordningstexten i samband med kravet på upprättande av åtgärdsprogram för elever med problem i skolarbetet. Av åtgärdsprogrammet, som bör upprättas i samråd med eleven och hans föräldrar, skall klart framgå hur skolan avser att hjälpa eleven att komma till rätta med sina problem.

Specialpedagogiken har, som tidigare nämnts, till och från utsatts för kritik för att den är teorilös. Specialpedagogik har betraktats i första hand just som en *verksamhet*, en *praktisk aktivitet* som haft att svara mot problem som varit exceptionella i den meningen att den vanliga pedagogiken inte räckt till. Men, som Stangvik hävdar, det är inte riskfritt att befria specialpedagogiken från teoriförankring, särskilt som det teoretiska tomrummet i så fall riskerar att fyllas med teorier från utompedagogiska områden, t.ex. medicin. Dessutom ökar risken att specialpedagogiska metoder motiveras på tvivelaktiga teoretiska grunder och att specialpedagogiken får en "kvasivetenskaplig" prägel. Att beskriva sin egen verksamhet som rent praktisk och hävda att ingen teori behövs som vägledning beskriver Inglis (1985) som i hög grad naivt:

> Those who refuse all theory, who speak of themselves as plain, practical people, and virtuous in virtue of having no theory, are in the grip of theories which manacle them and keep them immobile, because they have no way of thinking about them and therefore of taking them off. They aren't theory-free; they are stupid theorists. (s. 40)

All praktisk-pedagogisk verksamhet är, om än inte explicit, grundad i någon teori och Inglis budskap innebär att det är klokt att på ett teoretiskt plan vara medveten om, kunna reflektera över och motivera sin egen praxis.

Det altruistiska oket över specialpedagogisk verksamhet har också bidragit till att specialpedagogiken tillåtits förbli teorilös. Huvuduppgifterna har varit att hjälpa och lindra och specialpedagogikens utövare har blivit de i olika avseenden svagas talesmän och beskyddare. Det är också rimligt att tro att denna verksamhet i många fall bidragit till att elever som fått specialundervisning verkligen blivit hjälpta. Emellertid är det sannolikt att specialpedagogisk verksamhet i hög grad motiveras och berättigas av den vanliga undervisningens oförmåga att nå *alla* barn. Av främst detta skäl bör specialpedagogikens utövare kritiskt granska och ifrågasätta inte bara specialpedagogiken utan även innehållet i den vanliga pedagogiken och dess konsekvenser. En sådan granskning måste vara teoriförankrad, vilket innebär att den specialpedagogiska teoribildningen får en viktig och framträdande plats. En konsekvens av den bristande självkritiken är också ett påtagligt ointresse av att utvärdera effekter – i bred mening – av specialpedagogiska verksamheter.

Michel Foucaults teorier om avvikelse och normalitet

Som vi tidigare kunnat konstatera har problematik relaterad till avvikelse och normalitet under åren ägnats stort vetenskapligt intresse. Den som kanske bidragit med de mest intressanta analyserna och förklaringarna är den franske vetenskapsteoretikern och filosofen Michel Foucault. I sin forskning studerade han bl.a. ”de normalas” behov av ”de onormala” och det samhällssanktionerade tvånget och förtrycket som de avvikande eller ”galna” utsätts för.

Foucault föddes i Poitiers 1926 och växte upp i en småborgerlig miljö. Han klarade av skolgången med goda betyg men upplevde denna tid som ganska frustrerande i väntan på att ”det riktiga livet” skulle börja. Under mitten av 1950-talet tillbringade Foucault en tid vid Uppsala universitet där han skrev boken *Histoire de la Folie à l'âge Classique – Vansinnets historia under den klassiska epoken.* Han försökte lägga fram boken som doktorsavhandling men blev avrådd av dåvarande professorn i idéhistoria Sten Lindrot, som menade att Foucault ägnade sig åt spekulativa generaliseringar. Detta bröt mot Uppsalas tradition av empirism och positivism och trots att avhandlingen arbetades om minst fyra gånger godkändes den inte. Något år senare antogs *Vansinnets historia* som avhandling i vetenskapshistoria för den högsta franska doktorsgraden.

Foucault tillhör de vetenskapsmän som i sina arbeten för samman vetenskap, politik och profession, varför hans arbeten blir särskilt intressanta i specialpedagogiska sammanhang. I sitt vetenskapliga arbete koncentrerade sig Foucault på disciplinerna *filosofi* och *psykiatri.* Båda har att göra med språkets, kunskapens och förnuftets gränser. Filosofin handlar om hur förnuftet förvaltar förnuftet och psykiatrin om hur förnuftet förvaltar oförnuftet. Därmed är de bådas objekt nära sammankopplade i det att de inte bara är varandras motpoler utan även komplementära och varandra definierande. Foucaults filosofiska grundtes är att såväl förnuftet som oförnuftet är produkter av bestämda historiska och samhälleliga konstellationer. Härmed bryter han mot den traditionella uppfattningen om det eviga förnuftet och menar att det finns en relativitet i de båda begreppen och att de dessutom är produkter av varandra. Ytterst är förnuft en fråga om makt, vilket för Foucault innebär att kunskap och vetenskap formas och får sitt innehåll i intressen, befallningar, förbud och påbud i vissa bestämda maktförhållanden. I boken *Vansinnets historia under den klassiska epoken* (Foucault, 1986) försöker han visa hur galenskapen och oförnuftet skilts ut ur historien, hur förnuftet använder oförnuftet för sin egen definition och hur förnuftet besegrat oförnuftet.

Men boken är mycket mer än en beskrivning av psykiatrins barndom. Foucault vill visa att förnuftets seger över oförnuftet och etiketteringen av det senare som ”sinnessjukdom” mer handlar om samhällets behov av rationalitet, dvs. hur världen blivit föremål för teknologisk kontroll. Det är alltså hela den moderna statens utveckling som Foucault beskriver, och den har krävt och kräver ordning och reda, vilket innebär att störningar och förvirring måste isoleras eller åtminstone hållas under kontroll. Genom att problematisera psykiatrins historia vill han belysa den moderna statens övergrepp på människorna. Genom sin samhällsvetenskap, sina regler och normer neutraliserar den människolivet med metoder som liknar de tekniker som användes för att hålla ordning på de galna. Foucault vänder sig mot den vedertagna uppfattningen att de galna är så få och så galna att det är både tillåtet och önskvärt att särbehandla dem. I stället menar han att galenskapen finns i var och en och att det avgörande inte är om man i rent fysisk mening är inspärrad eller isolerad. Hospitalet och kliniken är närvarande i alla människors språk, gester och uttrycksmedel. Därför är skillnaden mellan dem som kan identifieras som galningar och oss andra – normala – bara skenbar.

Från att under medeltiden ha betraktats med viss aktning blev de galna under 1600- och 1700-talen föremål för samhällelig kontroll i form av isolering från samhället i övrigt. Upplysningstidens människoideal krävde att de galna betraktades som defekta och asociala och genom hospitaliseringen kom de att avskiljas från de förnuftiga, som inte längre behövde dem som påminnelse om dödens närhet. Innanför murarna gällde helt andra regler än utanför och Foucault menar att mytbildningen om individerna innanför murarna framkallade en skräck för de avvikande. Galenskapen sågs som en farsot och läkarna engagerades i kampen mot det som nu betraktades som sjukdom och medicinskt objekt. Det var så de sinnessjuka kom att betraktas i den moderna staten; genom en lämplig psykiatrisk behandling utförd av de förnuftiga skulle de ges möjlighet att återanpassas i samhället. Det filantropiska motivet legitimerade alltså den medicinska och terapeutiska behandlingen.

Foucault går vidare genom att studera psykiatrins språk och hävdar att psykiatrisk teori blir bunden av dess historiska språkstruktur. Genom att analysera språket i psykiatrin vill han visa att dess struktur bestämmer människans möjlighet till kunskapsutveckling. Psykiatrins språk är inte ett resultat av tillfälligheter utan har historiska såväl som politiska och ekonomiska orsaker. Ord som läkare, patient, institution, diagnos, behandling m.m. är de synliga elementen i den diskurs[8] som psykiatrin utvecklat.

Ett nyckelbegrepp i Foucaults arbeten är, som tidigare nämnts, genealogi. I motsats till traditionell historisk metod är genealogins syfte inte att avtäcka fördolda samband och den absoluta sanningen eller att söka ”på djupet”. Snarare handlar det för Foucault om att söka två slag av kunskap. Det första handlar om det som vetenskapen traditionellt inte funnit på grund av sin funktionalistiska uppgift, nämligen de alternativa tolkningarna och de mindre synliga beskrivningarna. Den andra typen av kunskap är den som uttrycks av dem som blir utsatta för samhällets normalitetssträvanden. Det är alltså kunskap hos de marginaliserade men också hos de praktiker vars uppgift är att handha dessa människor.

Den norske matematikern och pedagogen Stieg Mellin Olsen (1991) skiljer, i motsats till Foucault, i sin diskussion av diskursbegreppet mellan *institution* och *subjekt*. Foucault problematiserar inte dialektiken i människans handlande inom institutionen medan

8 En diskurs kan beskrivas som ett visst sätt att tänka och uttrycka sig inom ett visst område. Beroende på inom vilken diskurs man befinner sig när man tänker och resonerar framträder det vi kallar verkligheten på olika sätt. Olika områden utvecklar sina egna diskurser med olika distinkta drag, t.ex. psykiatrin, biologin och juridiken.

han däremot försöker komma åt de betingelser som skapar diskurser. I diskursen skapas en kunskap som blir bestående och i sin tur formar diskursen. Men han är främst intresserad av de kunskaper som funnits men förkastats, tankar som tänkts men inte blivit manifesta. Foucault ser en dialektik mellan den officiella diskursen och den mänskliga upplevelsen. Denna alternativa diskurs *är* svår att upptäcka; Foucault beskriver den som "the silent murmuring, the inexhaustible speech that animates from within the voice that one hears ..." (Foucault, 1985, s. 28). Å ena sidan finns det alltså en uttryckt, synlig diskurs, den officiella, men mellan raderna kan man ana tankar som utgör motiv för handling som dåligt överensstämmer med den officiella diskursen.

Foucault och humanvetenskaperna

I sina studier av relationen mellan människa och samhälle (human sciences) poängterar Foucault vikten av att förstå människan som såväl subjekt som objekt i forskningen. Eftersom det är människan själv som definierar vad som skall betraktas som vetenskap och vetenskapliga rön, är hon forskningens subjekt samtidigt som hon är objektet för den teoretiska och empiriska beskrivningen. I *The Order of Things* uttrycker Foucault detta på följande sätt:

> Man's mode of being as constituted in modern thought enables him to play two roles: he is at the same time at the foundation of all positivities and present, in a way that cannot even be termed privileged, in the element of empirical things. (Foucault, 1973, s. 344)

Det innebär att människans två roller i den humanvetenskapliga forskningen gör just denna forskning unik, i det att forskaren skall försöka att förhålla sig till två roller samtidigt. Foucault påpekar att denna dubbelhet har blockerat och skapat obalans i den humanvetenskapliga forskningen och att enda möjligheten att förstå mänskligt handlande i relation till samhälleliga företeelser är att göra detta i dess historiska, politiska och institutionella sammanhang. Det är i sådana diskurser som det mänskliga handlandet kan analyseras och förstås.

Som tidigare nämnts är Foucaults forskningsobjekt ofta kopplade till makt och öppet eller dolt maktutövande och det är strävan efter att avtäcka de omständigheter där makt uppstår och utövas som leder till analysen av dess innersta väsen. Makt, liksom för övrigt alla mänskliga uttrycksmedel, ses som tids- och rumsberoende fenomen och inte som en gång för alla definierade. I det moderna eller postmoderna samhället har makt kommit att i hög grad knytas till olika professioner. Företrädare för yrken med social anknytning har därvid givits befogenhet att tolka vad som är normalt, och därmed även vad som är onormalt och föreslå olika former av behandling. Foucault menar att samhälleliga regler i den moderna staten ersatts med disciplinär makt som utövas i humanvetenskaperna och blir normgivande för vår syn på avvikelse och normalitet. Philip (1985) sammanfattar Foucaults främsta mål som just att avtäcka den disciplinerande makt och den kontroll som utövas inom vetenskapliga områden som "medicine, psychiatry, psychology, criminology, sociology and so on" (s. 67) och skriver vidare:

> In workplaces, schoolrooms, hospitals and welfare offices; in the family and the community; and in prisons, mental institutions, courtrooms and tribunals, the human sciences have established their standards of "normality". The normal child, the healthy body, the stable mind ... such concepts haunt our ideas about ourselves, and are reproduced and legitimated through the practices of teachers, social workers, doctors, judges, policemen and administrators. The human sciences attempt to define normality; and by establishing this normality as a rule of life for us all, they simultaneously manufacture – for investigation, surveillance and treatment – the vast area of our deviation from this standard. (s. 67)

Kunskap och maktförhållanden

Redan 1623 beskrev Francis Bacon i sitt banbrytande verk *De dignitate et augmentis scientiarum* (Bacon, 1984) hur språket tar makten över tanken (idola fori) och hur människan måste tillägna sig kunskap för att kunna genomskåda den värld hon lever i. Genom kunskap får människan en maktposition och detta tar Foucault bokstavligt. Relationen mellan kunskap och makt beskriver Berg Eriksen (1988) utförligt i sin bok *Nietzsche og det Moderne*:

> Det rom hvor subjektet og objektene for en konkret type kunnskap finner sin form, er et rom hvor makter støter sammen. Interesser, befalinger, forbud og påbud gir form til enhver kunnskap, enhver type av viten. Først makten åpner det felt hvor spørsmålene kan stilles og hvor de treffer sine lammede objekter. (s. 237)

Det är alltså så att de rationaliteter som ligger till grund för ett visst handlande inom en viss institution har sin grund i de maktförhållanden som råder inom institutionen. Ytterst handlar det enligt Foucault om att förnuftet med vetenskapen som hjälp i det moderna teknologiska samhället ställs mot oförnuftet och att förnuftet därvid alltid avgår och måste avgå med segern.

I en intervju som Foucault gav 1978 utvecklar han sin syn på makt och maktförhållanden i relation till kunskap:

> Philosophers or even, more generally, intellectuals justify and mark out their identity by trying to establish an almost uncrossable line between the domain of knowledge, seen as that of truth and freedom, and the domain of the exercise of power. What struck me, in observing the human sciences, was that the development of all these branches of knowledge can in no way be dissociated from the exercise of power. Of course, you will always find psychological or sociological theories that are independent of power. But, generally speaking, the fact that societies can become the object of scientific observation, that human behavior became, from a certain point on, a problem to be analyzed and resolved, all that is bound up, I believe, with mechanisms of power – which, at a given moment, indeed, analyzed that object (society, man etc.) and presented it as a problem to be resolved. (Foucault, 1989, s. 106)

Verksamheten inom en institution beror av de rådande maktförhållandena och den vedertagna eller officiella diskursen. Emellertid är det inte säkert att den officiella diskursen är den som visar sig i praktisk handling. Traditioner, personliga erfarenheter, kollegialitet, revirbevakning och maktrelationer avgör i stället var gränserna för det tillåtna och önskvärda sätts. Foucault menar att det vid sidan om den officiella diskursen löper flera andra diskurser parallellt, mer eller mindre fördolda för en utomstående. Spänningen mellan den officiella och den tillämpade diskursen kan betraktas som en offentlig lögn. Man visar ett ansikte utåt och är angelägen att detta skall vara den institutionella policyn samtidigt som alla är mer eller mindre medvetna om att en annan verksamhet försiggår inom institutionens väggar.

Språkbrukets betydelse

I *The Archaeology of Knowledge* skriver Foucault (1985):

> We must reconstitute another discourse, rediscover the silent murmuring, the inexhaustible speech that animates from within the voice that one hears, reestablish the tiny, invisible text that runs between and sometimes collides with them. The analysis of thought is always allegorical in relation to the discourse it employs. Its question is unfailingly: what was being said in what was said? (s. 28)

Den offentliga lögnen får här sitt språkliga uttryck. Den offentliga diskursen, som är sanktionerad inom institutionen, får en subjektiv, individuell tolkning som omsätts i handlande. Detta innebär att handlandet kan komma i konflikt med den institutionella policyn vilket kan ta sig uttryck i förvirring och frånvaro av medvetet agerande. Men den officiella diskursen sätter ramar för språkbruket och därmed verksamheten i stort, medan den inofficiella, individuella diskursen tar sig uttryck i ett handlande som institutionen kan stå maktlös inför och som är i strid med den officiella policyn: "... the invisible text that runs between ..."

Kritiken mot Foucault

Det är i huvudsak på tre områden som Foucaults arbeten utsatts för kritik. Som *historiker* har han inte accepterats i alla kretsar, främst p.g.a. sitt lättsinniga användande av källor. Det har också visat sig att tidsangivelser varit felaktiga och att inexakthet och subjektivitet ofta förekommer i hans arbeten.

Den kanske allvarligaste kritiken mot Foucault gäller hans *pessimistiska hållning* till världen. Ingenstans ger han konkreta förslag till förändringar som skulle kunna innebära en väg ur den synbarliga tröstlöshet som han beskriver. I all synnerhet gäller detta inom det pedagogiska området och Allan (1995) skriver:

> Perhaps the most serious criticism of Foucault's work is that he offers no recipes for social change. ... This criticism is particularly important for educationists, who may feel that there is little to gain from pursuing an analysis that denies (or at least fails to acknowledge) the possibility of action. (s. 48)

Men kritiken gällande Foucaults påstådda pessimism kan ifrågasättas. Det är inte människors handlingar han kritiserar utan de begränsningar som läggs på oss som en konsekvens av traditioner och professioners framväxande. Genom att bli varse de faktorer som av tradition definierar och begränsar pedagogiskt arbete och gå bakom sådana förgivettaganden kan den pedagogiska yrkesrollen utvecklas och då kan Foucault "offer prospects of rethinking and evaluating educational practices" (Allan, 1995, s. 49).

Det tredje området där Foucault utsatts för kritik handlar om hans brist på *empiriskt grundad analys*. Det är också här som han är mest motsägelsefull. Å ena sidan hävdar han att det är vitalt för förståelse av samhälleliga institutioner att de studeras från insidan, samtidigt som han å den andra menar att analysen av maktrelationer inom institutioner bäst kan studeras från utsidan. Allan (1995) beskriver honom som en global teoretiker snarare än som en empiriker men menar att en foucaultiansk analys är i hög grad användbar för förståelsen av pedagogisk verksamhet och skriver:

> It can at least promise to avoid meaningless accounts of integration, which say more about where a child is educated than about anything else. (s. 51)

Internationella förhållanden

FN:s konventioner om barnets rättigheter

Efter andra världskrigets slut i Europa påbörjades en diskussion om vad syftet med utbildning ytterst är liksom hur tillgången på utbildning skulle kunna ökas. En bärande idé i denna diskussion var ambitionen att utbildning inte skulle utgöra en förmån för ett privilegierat fåtal utan tvärtom vara en grundläggande mänsklig rättighet för alla. I 1948 års Deklaration om mänskliga rättigheter klargörs i artikel 26 utbildningens betydelse för individens utveckling:

> – Envar har rätt till undervisning. Undervisningen skall vara kostnadsfri, åtminstone på de elementära och grundläggande stadierna. Den elementära undervisningen skall vara obligatorisk. Yrkesundervisning och teknisk undervisning skall vara allmänt tillgänglig. Den högre undervisningen skall stå öppen i lika mån för alla på grundval av deras duglighet.
>
> – Undervisningen skall syfta till personlighetens fulla utveckling och till att stärka respekten för människans grundläggande fri- och rättigheter. Undervisningen skall främja förståelse, tolerans och vänskap mellan alla nationer, rasgrupper och religiösa grupper samt befordra Förenta Nationernas verksamhet för fredens bevarande.
>
> – Rätten att välja den undervisning, som skall ges åt barnen, tillkommer i främsta rummet deras föräldrar.

Denna deklaration omarbetades 1989 med särskild tonvikt på barnens rättigheter och hade inom två år ratificerats av en majoritet av världens stater som därmed juridiskt bundit sig att genomföra den (Utrikesdepartementet, 2000).

I syfte att förverkliga de ideal som genomsyrar 1948 och 1989 års deklarationer har två initiativ vuxit fram; *Education For All* och *Inclusive Education.*

Jomtiendeklarationen

År 1990 hölls i Jomtien i Thailand *The World Conference on Education for All* där 1 500 delegater representerande 155 regeringar samlades. Detta initiativ var unikt på två sätt:

- Det vidgade definitionen av vad som krävs för att göra skola och utbildning tillgänglig för alla.

- Det fokuserade på aktivitet och praktiska lösningar.

För att förverkliga visionen om utbildning för alla skriver man i artikel 1 att:

> Every person – child, youth and adult – [should] be able to benefit from educational opportunities designed to meet their basic learning needs. (UNESCO, 1990, s. 1)

Detta var första gången så långtgående förpliktelser, vad gäller möjligheten att skapa en skola för alla, manifesterades i en gemensam deklaration.[9] Jomtiendeklarationen kom därmed att bli det första steget i en världsomspännande strävan mot en inkluderande skola där ingen p.g.a. funktionsnedsättning skulle exkluderas från utbildningsgemenskapen. I artikel 3 nämns individer med funktionsnedsättning explicit:

> The learning needs of the disabled demand special attention. Steps need to be taken to provide equal access to every category of disabled persons as an integral part of the education system. (a.a., s. 2)

I analysen av hur möjligheterna till utbildning varierade mellan länderna konstaterade man att det inte bara var utvecklingsländerna som uppvisade problem. Även i den industrialiserade delen av världen diskriminerades vissa grupper i utbildningssammanhang, främst kvinnor, etniska minoriteter och individer med funktionshinder.

---

9 En *deklaration* är ett uttryck för en gemensam ståndpunkt eller uppfattning i en särskild fråga som de deltagande länderna ställer sig bakom. Deklarationer har snarare politisk än rättslig betydelse till skillnad från *konventioner*, som de undertecknande länderna förbinder sig att efterleva. Bakom utformningen av konventioner ligger omfattande förhandlingar mellan de deltagande länderna.

På många sätt blev efterlevnaden av Jomtiendeklarationen en besvikelse. Vid *World Education Forum* i Dakar tio år senare konstaterar man att utsatta grupper fortfarande i hög grad stod utanför utbildningssystemet trots att en allt snabbare globalisering kräver grundläggande utbildning för alla. År 2000 saknade 113 miljoner barn möjlighet till skolgång och 880 miljoner människor var analfabeter. Bristande politisk vilja, ineffektiv användning av resurser, brist på kunskap om lärandeprocesser och ointresse av att ägna kraft åt marginaliserade grupper anges som viktiga skäl till den långsamma utvecklingen.

Dakarkonferensen innebar startpunkten för den andra världsomspännande rörelsen – *The Inclusive Education Initative*. Om det skulle vara möjligt att genomföra "Education for All" krävdes att uppmärksamheten riktades mot utsatta och missgynnade grupper som var utestängda från grundläggande utbildning. Målet måste vara att skapa utbildningssystem som inte exkluderar någon från grundläggande utbildning – en inkluderande skola. Av det skälet deklarerar World Education Forum att

> ... education for all must take account of the needs of the poor and the disadvantaged, including working children, remote rural dwellers and nomads, and ethnic and linguistic minorities, children, young people and adults affected by conflict, HIV/AIDS, hunger and poor health; and those with special learning needs. (World Education Forum, 2000, s. 19)

Utmärkande för IE-initiativet är kraven som ställs på politiker på olika nivåer. Man menar att det inte i första hand är resursknapphet som exkluderar en stor del av jordens befolkning från grundläggande utbildning. Snarare är det den politiska viljan som saknas, "an expanded vision", viljan att fördela tillgångar så att marginaliserade grupper kan få sina behov åtminstone hjälpligt tillgodosedda.

Salamancadeklarationen

Education For All-initiativets svårigheter att nå sina mål riktade fokus på hur olika utstötningsmekanismer utom och inom skolan kunde medverka till att vissa grupper exkluderades från skolgemenskapen. *The World Conference on Special Needs Education* i Salamanca, Spanien 1994 ägnade särskild uppmärksamhet åt att söka åstadkomma sådana inkluderande lärandemiljöer (Inclusive Education) som hade diskuterats vid Dakarkonferensen. Inclusive Education-initiativet fick sin uppföljning i den s.k. Salamancadeklarationen 1994[10] som anger riktlinjer, principer, inriktning och praktik vid undervisning av elever med behov av särskilt stöd:

> Undervisning av elever med behov av särskilt stöd bygger på den sunda pedagogikens välbeprövade principer som kan komma alla barn tillgodo. Den utgår från att alla skillnader människor emellan är normala och att inlärningen följaktligen måste anpassas till barnets behov snarare än att barnet skall formas i enlighet med i förväg fastställda antaganden om inlärningsprocessens takt och natur. (Svenska Unescorådet, 1996, s. 15)

För att skolan skall kunna bli inkluderande krävs att den kan ta emot alla barn och effektivt svara upp mot deras skillnader i förutsättningar av olika slag. Men det räcker inte med att de enskilda skolorna har en sådan inriktning, utbildningssystemet som helhet måste också bygga på principen om lika och rättvis tillgång till utbildning för alla. Detta innebär att systemet har som bärande princip att tillgång till grundläggande utbildning för alla skall utgöra en mänsklig och social rättighet och att målet skall vara att minimera varje hinder för förverkligandet av denna princip. Dessutom är utgångspunkten att en viktig del i barns och ungdomars demokratiska fostran är att de får möjlighet att i största möjliga utsträckning vara tillsammans och dra lärdom av varandras olikheter. Man anför en rad skäl för detta:

> Ordinarie skolor med [en] integrationsinriktning är det effektivaste sättet att bekämpa diskriminerande attityder, att skapa en välkomnande närmiljö, att bygga upp ett integrerat samhälle och att åstadkomma skolundervisning

10 I den svenska översättningen av Salamancadeklarationen från 1996 för man ett resonemang om språkbruket. Jag har tidigare argumenterat för en övergång till en vokabulär där begreppet inkludering utgör kärnan. År 1996 ansågs inte tiden för detta mogen varför man skriver att man väljer att översätta *inclusion* och *inclusive education* med *integration*.

> för alla; dessutom ger de flertalet barn en funktionsduglig utbildning och förbättrar kostnadseffektiviteten och – slutligen – hela utbildningssystemet. (a.a., 1996, s. 10)

Salamancadeklarationen innebär således att en inkluderande skola har

- ett *pedagogiskt* berättigande; förpliktelsen att utbilda alla barn tillsammans innebär att pedagogiska strategier som svarar mot individuella skillnader måste utvecklas, vilket därmed gagnar *alla* barn och ungdomar
- ett *socialt* berättigande, eftersom förutsättningarna att förändra attityder till olikheter individer emellan ökar om alla undervisas tillsammans
- ett *ekonomiskt* berättigande, då det är kostnadskrävande att etablera och vidmakthålla komplexa system av olika slag av skolor specialiserade på olika grupper av barn och ungdomar.

Det bör poängteras att när man talar om *alla* barn och ungdomar så skall detta ses som en målsättning – på längre eller kortare sikt – att skapa en skola för just alla. Särskilda utbildningslösningar för elever med mycket grava funktionsnedsättningar ser man som en tillgång och också i många fall som den bästa lösningen. Man skriver att

> ... specialskolor eller specialavdelningar inom integrerade skolor kanske även framdeles är den skolform som har de största förutsättningarna att ge den lämpligaste undervisningen för det relativt lilla antal elever med funktionshinder som inte kan erbjudas en fullgod undervisning i vanliga klassrum eller skolor. Investeringar i de existerande specialskolorna bör styras mot deras nya och utvidgade uppgift att ge expertstöd till de reguljära skolorna för att hjälpa dem att tillgodose elever som har behov av särskilt stöd i undervisningen. (a.a., s. 18)

Salamancadeklarationen utgör liksom Jomtiendeklarationen betydande utmaningar för regeringarna i de anslutna länderna. De nordiska länderna har länge betraktats som föredömen i strävan att skapa en inkluderande skola. Under slutet av 1990-talet har emellertid ett antal andra länders regeringar fattat beslut som är mycket långtgående. I Uganda beslöts 1997 att all grundläggande utbildning skall vara kostnadsfri och att särskild prioritet skulle ges till elever med funktionsnedsättning. I Kina avser man att tillskapa 1,8 miljoner utbildningsplatser för elever med funktionsnedsättningar i den vanliga skolan och samtidigt utbilda knappt 1 miljon nya lärare för det nya uppdraget.

WHO och ICF

FN har genom sin Världshälsoorganisation (WHO) sedan ett par decennier tillbaka sett det som angeläget att arbeta fram en gemensam terminologi för att beskriva funktionshinder av olika slag. Fram till 2001 utgick man från just perspektivet "hinder" och arbetade med de tre begreppen *impairment* (skada), *disability* (funktionshinder) och *handicap* (handikapp). Handikappet sågs som en funktion av funktionsnedsättningen vilket i sin tur orsakats av en skada och definierades som den begränsning individen utsattes för p.g.a. samhällets oförmåga att anpassa krav och förväntningar i miljön och att kompensera skadan.

Efter ett intensivt arbete inom Världshälsoorganisationen publicerades 2001 en omfattande rapport, ICF, International Classification of Functioning, Disability and Health (WHO, 2001). Utgångspunkten är ett *hälsoperspektiv* till skillnad från det tidigare *hinderperspektivet*. Avsikten är inte att klassificera individer utan att beskriva varje individ inom en uppsättning hälsorelaterade områden. Särskilt poängteras vikten av att beskrivningen görs kontextuellt, dvs. att omgivningens betydelse förstås som avgörande för individens tillstånd eller grad av välbefinnande. I det sammanhanget lyfts begreppen *aktivitet* och *delaktighet* upp som betydelsefulla för individens livskvalitet, vilket blir särskilt viktigt för att förstå t.ex. hur skolsituationen kan upplevas av elever i olika slag av svårigheter. Följande definitioner blir då viktiga:

- **Activity** is the execution of a task or action by an individual.
- **Participation** is involvement in a life situation.

- **Activity limitations** are difficulties an individual may have in executing activities.
- **Participation restrictions** are problems an individual may experience in involvement in life situations.

Den inkluderande skolan bygger på att alla elever skall finnas tillsammans. Men det räcker naturligtvis inte att man är fysiskt närvarande (eller "integrerad") för att uppleva meningsfullhet i tillvaron. Därtill krävs att möjlighet ges till ett aktivt deltagande i den inkluderande verksamheten och att vars och ens bidrag ses som en resurs i det gemensamma och gemensamhetsskapande. Förmodligen handlar misslyckade s.k. integrationsförsök om detta – man har visserligen lyckats skapa fysiska förutsättningar för närvaro men inte förmått skapa miljöer där aktivt deltagande möjliggjorts. Erfarenheten visar också att företrädare för olika handikapporganisationer ofta intar en skeptisk hållning till inkluderande lösningar som en följd av sådana negativa upplevelser.

Arbete inom UNESCO

Under UNESCO:s ledning startade 2000 ett omfattande arbete med att ta fram ett servicematerial – *Open File on Inclusive Education* – för medlemsländernas beslutsfattare och utbildningsadministratörer. Materialet har arbetats fram gemensamt av forskare, praktiker och utbildningsadministratörer från hela världen och har koordinerats av forskare vid universitetet i Newcastle-upon-Tyne.

Syftet med "Open File" är att den skall kunna utgöra ett resursmaterial där goda exempel från andra länder kan utgöra inspirationskälla för det egna landets utveckling i riktning mot en mer inkluderande skola. När det t.ex. gäller på vilket sätt specialpedagogisk kompetens skall utvecklas och användas i skolan, anser man att sådan kompetens behöver finnas på flera nivåer i skolsystemet:

> Although small-scale or one-off training initiatives are important in the early phases of the move towards inclusion, most countries feel the need to establish a longer-term structure for their teacher education

which can deliver a steady supply of teachers capable of working in an inclusive way. Often, countries find it useful to identify a *hierarchy* of training opportunities. There are probably three levels that need to be built into such a system:

– *All* teachers need to have an understanding of inclusive practices in the classroom, developed through both initial training and ongoing processes of school development.

– *Many* teachers (ideally, at least one per school) will need to develop some level of specialist expertise in the more common difficulties and disabilities which learners experience. Such teachers need to be trained not only to improve their own practice, but also to act as advisers and consultants to their colleagues.

– A *few* teachers need to develop a high level of specialist expertise. However, it seems helpful for such teachers not to be placed on separate training tracks from the outset, but to develop skills and experience as regular educators and only later to specialise. Moreover, given the diversity of difficulties with which they will be confronted, it also seems important for their specialism not to be defined too narrowly and for it to be built on a broad base of expertise at lower levels of training. (UNESCO, 2001, s. 2:11)

På den första nivån skall alla blivande lärare få grundläggande kunskaper i specialpedagogik. Det handlar då inte om djupa kunskaper om t.ex. olika funktionsnedsättningar utan snarare om en förståelse för vilka de pedagogiskt-praktiska konsekvenserna blir i klassrummet av elevers olikheter.

På den andra och tredje nivån finns lärarstudenter som väljer att ytterligare fördjupa sina specialpedagogiska kunskaper. I ”Open File” betonas här vikten av att de vidareutbildade lärarna ”work collaboratively with regular educators”. När det gäller specialpedagogens uppgifter på den tredje nivån skriver man:

Such teachers will need not only to know something about a wide range of difficulties and disabilities, but also to have skills in consultancy and in administration and management. As their tasks entail support beyond

> the classroom such as working with specialists, parents and agencies beyond the school and therefore they will need to develop the ability to manage these interfaces. (s. 2:15)

Det finns slående likheter mellan 2001 års lärarutbildning, dvs. föregångaren till den nuvarande svenska lärarutbildningen, och hur utvecklingen ter sig globalt. Man skulle kunna tänka sig att inflytandet från Sverige varit stort i arbetet med "Open File", vilket inte är fallet. Först i slutskedet av UNESCO:s arbete har en svensk forskare deltagit.

OECD – Organisationen för ekonomiskt samarbete och utveckling

OECD är en samarbetsorganisation för 34 av världens rikaste länder, varav ett är Sverige. Bland organisationens kommittéer finns *Centre for Educational Research and Innovation (CERI)*, där en avdelning handhar frågor som rör *Inclusion and Equity*.

Under åren har man genomfört flera jämförande studier där olika aspekter av specialpedagogisk verksamhet har beskrivits och analyserats. Ett problem i dessa studier är att definitionen av "special education" uppvisar stora variationer mellan nationerna. Av det skälet har man enats om att det begrepp som skall användas är *Special Needs Education*, som definieras enligt följande:

> Special needs education: educational intervention and support designed to address *special educational needs*. The term "special needs education" has come into use as replacement for the term "special education". ... Moreover, the concept of "children with special educational needs" extends beyond those who may be included in handicapped categories to cover those who are failing in school for a wide variety of reasons that are known to be likely to impede a child's optimal progress. Whether or not this more broadly defined group of children are in need of additional support depends on the extent to which schools need to adapt their curriculum, teaching and organisation and/or to provide additional human or material resources so as to stimulate efficient and effective learning for these pupils. (OECD, 2000, s. 8)

Definitionen innebär att det är en mycket stor del av skolornas elever som man numera inbegriper i den grupp som bedöms ha behov av specialpedagogiskt stöd. Man har vidare valt att inte definiera subgrupper med utgångspunkt i olika funktionshinder, utan de tre underkategorier man arbetar med är:

A: Elever vars behov av särskilt stöd har medicinskt/biologiska orsaker.

B: Elever som har problem i sitt lärande vilket inte primärt kan hänföras till kategori A eller C. Hit hänförs också elever med beteendeproblem som inte bedöms ha medicinskt/biologiska orsaker.

C: Elever vars behov av särskilt stöd primärt hör samman med socioekonomiska, kulturella och/eller språkliga faktorer.

I sitt arbete utgår OECD alltså från att skolsvårigheter är en komplex företeelse där orsakerna till svårigheterna står att finna i elevens interaktion med lärandemiljön. För att sålunda komma till rätta med problemen räcker det inte med individuellt inriktade åtgärder. Det är i första hand skolans verksamhet som måste anpassas till elevernas skilda behov. Man konstaterar också att särskilt stöd är dubbelt så vanligt bland pojkar som bland flickor vilket tyder på att pojkar i högre grad än flickor har svårt att finna sig till rätta i skolan. I övrigt finner man stora skillnader när det gäller på vilket sätt man i medlemsländerna försöker hjälpa de elever som har behov av specialpedagogiskt stöd.

Sammanfattningsvis kan vi alltså konstatera att det inom olika internationella organ bedrivs ett omfattande arbete inom det specialpedagogiska området. Det är också intressant att notera att globaliseringen medfört att såväl definitionen av målgrupper för specialpedagogiska åtgärder som åtgärderna i sig blivit föremål för diskussion. Även om de nationella förutsättningarna uppvisar stora skillnader förefaller ändå likheterna vara stora på intentionsplanet. Ett exempel på detta är, som vi kunnat konstatera, nya krav på lärarutbildningarna för att svara upp mot de utmaningar som en inkluderande skola för med sig.

Studier om specialpedagogiskt arbete i grundskolan

Specialpedagogikens relation till den vanliga pedagogiken

Få vetenskapliga undersökningar har genomförts i vårt land där man studerat den specialpedagogiska verksamheten i ett helhetsperspektiv och i relation till den vanliga pedagogiska verksamheten. Inte heller i våra grannländer är sådana studier vanligt förekommande, om man undantar studier av kvantitativ art och där syftet varit att få en bild av t.ex. hur stora andelar av årskullarna som fått stöd av något slag och i vilken form det har ägt rum. Detta skulle kunna bero på fältets komplexitet, svårigheter att bestämma och definiera stödformer, elevurval och verksamhetens omfattning. Men även andra skäl kan ligga bakom knappheten på sådana studier. Den danske forskaren Niels Egelund (1999) skriver:

> De, som har forsøgt sig med empiriske studier af den almindelige specialundervisning, har i deres skuffelse over resultaterne ofte undladt at publicere – for ikke at skade området – eller de har indhøstet bebrejdelser over de skammelige og vildledende resultater, de er kommet op med. (s. 163)

De ”skamliga och vilseledande” resultaten har då ofta bestått i ett ifrågasättande av specialundervisningen som ett parallellt spår till den vanliga undervisningen i klassen. Eftersom emellertid specialundervisningen tjänat syftet att bidra till att ge hjälp och stöd till elever men också att ”avlasta” klassläraren, har det varit i hög grad impopulärt att ifrågasätta dess berättigande. Men dilemmat är mer komplicerat än så. Om det är så att den specialpedagogiska forskningen kommer fram till att värdet av specialundervisning är begränsat, kan man lätt tänka sig hur sådana resultat skulle kunna tolkas av t.ex. kommunpolitiker. Varför satsa pengar på en verksamhet som är av tveksamt värde? Risken finns då att barn och ungdomar som har svårigheter i sitt skolarbete blir helt utlämnade.

Ett av de forskningsprojekt som fått betydelse för förståelsen av specialpedagogikens relation till den vanliga pedagogiken är *Specialundervisningen och dess konsekvenser (SPEKO)* (Persson, 1997; 1998a, b). Projektet bestod av en kvalitativt och en kvantitativt inriktad del och genomfördes av en forskargrupp vid Göteborgs universitet. I den första studien, *Specialpedagogiskt arbete i grundskolan*, intervjuades 80 befattningshavare om sin syn på den specialpedagogiska verksamheten. Det huvudsakliga syftet var att med utgångspunkt i hur ett antal lärare, specialpedagoger och rektorer beskriver sin skolas specialpedagogiska verksamhet studera dess förutsättningar, motiveringar och genomförande. I den andra delstudien, *Specialundervisning och differentiering*, redovisas resultaten från en omfattande kvantitativ studie där knappt 9 000 elever födda 1982 deltog, av vilka drygt 3 000 fått specialpedagogiskt stöd under någon del av sin skoltid.

Trots att studien genomfördes under mitten av 1990-talet finns det anledning att redovisa några av SPEKO-projektets huvudresultat. Ett skäl till detta är att resultaten väckte stor uppmärksamhet både i Sverige och i våra grannländer. I en bokanmälan beskrev Ole V. Rasmussen vid Roskilde universitet svensk specialpedagogisk forskning som banbrytande i Norden när det gällde att förstå elevers skolproblem i ett vidare kontextuellt perspektiv (Rasmussen, 2001). SPEKO-projektet "... mangler sidestykke herhjemme ..." skriver Rasmussen och vidare:

> Folkeskolen idag tager ikke udgangspunkt i at børn er forskellige – og den indretter ikke sin pædagogik herefter. Tværtimod bygger den på en myte om at børn er lige og har de samme forudseættninger. Hvis skolen skulle acceptere en stor variation og spredning af børn og dermed at børnene lærer i forskellig takt og måde, skulle skolen også acceptere en langt mere differentiert og inklusiv pædagogik. (s. 272)

Rasmussens konklusion utgör en god sammanfattning av SPEKO-projektet, som i det följande redovisas relativt noggrant. Därefter återges huvudresultaten från en uppföljningsstudie, det s.k. DISEL-projektet, där kvantitativa data använts. Både SPEKO och DISEL hämtar empiri från skolans befattningshavare och omfattande statistiskt material. Slutligen i detta kapitel redogörs för fyra ytterligare studier där olika aktörer i skolverksamheten kommer till tals. Dessa studier bygger i huvudsak på intervjuer med skolpersonal, elever och föräldrar.

En undersökning om specialpedagogiskt arbete i grundskolan

I den första delen av SPEKO-projektet intervjuades, som tidigare nämnts, olika befattningshavare i skolan om sin syn på specialpedagogik.[11] I detta avsnitt redovisas resultatet av de fem huvudfrågorna i undersökningen. Huvudfrågorna är följande:

- Hur definieras begreppet specialpedagogik?
- På vilket sätt skiljer sig specialpedagogisk verksamhet från vanlig klassundervisning?
- Vad är det som bestämmer vilka elever som skall få specialpedagogisk hjälp?
- Vilket är den specialpedagogiska verksamhetens innehåll?
- Vilka faktorer avgör de specialpedagogiska insatsernas omfattning?

Hur definieras begreppet specialpedagogik?

Det absolut vanligaste sättet att definiera begreppet specialpedagogik är att ta utgångspunkt i svårigheter hos eleven själv. En lärare säger:

11 *Specialpedagogik* och *specialundervisning* används ibland som synonyma begrepp av de intervjuade. Det man oftast uttalar sig om är emellertid *specialundervisning*, som bör förstås som en specialpedagogisk organisationsform.

> Specialundervisning, ja ... det kan ju ... det är nästan så att man tänker på vissa elever, när man tänker på det, och då tänker jag ju på Jerry som har såna uppenbara svårigheter. ... Ja, det är inlärningssvårigheter som han har.

Ett annat sätt att definiera det specialpedagogiska verksamhetsfältet är att beskriva det i termer av en speciell, fördjupad kompetens:

> Specialundervisning är för mig, att det finns en människa som har bättre kunskaper om elever med svårigheter, vad det kan bero på och har lite fler knep än vad jag har att komma tillrätta med det.

Även uppfattningen att det inte alls är frågan om att specialpedagogerna har större kompetens än andra i skolan kommer till uttryck hos några av de intervjuade:

> Jag känner många gånger att en speciallärare, hon har sina timmar men hon känner inte det ansvaret. Hon finns bara här på mina timmar och resultatet det utvärderar vi mycket, mycket sällan. Jag har varit lärare i 21 år och varit på fyra skolor, och det är bara på en skola där jag upplevt att specialundervisningen fungerat.

Ett tredje sätt att definiera specialpedagogiken är att relatera skolsvårigheter till *skolan som miljö*. Den miljörelaterade uppfattningen kombineras ofta med en tro på möjligheten att reducera de specialpedagogiska insatsernas omfattning om skolmiljön är trygg för barnen. Följande citat belyser detta synsätt:

> Konferenserna med mellanstadiet där man på förhand får reda på vilka elever som är svaga och eleverna på något sätt anser sig själva som svaga och elever som inte kan gå i vanlig klass, ger man dem chansen att komma in och få stöd av gruppen ... då kan man få bort en del av specialinsatserna.

Att definitionsfrågan är svår framkommer med stor tydlighet i intervjuerna. Många tvekar innan man svarar på frågan om vad specialpedagogik är, och följande svar från en specialpedagog med många års erfarenhet speglar väl denna vilsenhet:

> Det har jag också undrat. Det fick man inte direkt svar på under utbildningen heller. Men jag är nog inte så hemskt mycket klarare nu heller. Det är ett frågetecken.

På vilket sätt skiljer sig specialpedagogisk verksamhet från klassundervisning?

Den vanligaste uppfattningen är att skillnaden mellan klassundervisning och specialpedagogisk verksamhet är att den senare försiggår i en *liten grupp*. Intressant att notera är att detta oftast är det första, uppenbarligen minst reflekterade, svaret. Vanligt är att de intervjuade vid närmare eftertanke nyanserar och vidgar sin föreställning om vad som skiljer de båda verksamheterna åt:

> Den största skillnaden? För det första har man ju väldigt få elever, ibland bara en.

> Specialläraren sitter och läser och räknar med två och klassläraren sitter med en hel hög.

> Ja, det är ju den här lilla gruppen, där får du den här omedelbara kontakten till eleverna. Och dom svagaste eleverna, dom gömmer sig ju gärna i en klass.

Nära kopplat till svaren om den lilla gruppens betydelse är uppfattningen att tempot i klassrummet är för högt och att de långsammare barnen får svårt att hinna med. Specialundervisningen blir då en hjälp att dels anpassa skolans undervisning till den långsamme eleven, dels en avlastning i klassrummet så att farten kan hållas. I samband med att man nämner det lägre tempot framhålls vikten och behovet av individualisering och att de "svaga barnen får arbeta i egen takt":

> Det är kanske nivån då, arbetstakten, och det är väl det då att många av dom här eleverna är väldigt långsamma så att dom behöver få lugnare takt.

Men elevens långsammare inlärningstakt och därmed behovet av ett lägre tempo och mindre stoffmängd kan också ge upphov till konflikter mellan klasslärare och specialpedagoger. En specialpedagog uttrycker det så här:

> Dom skickar ner barnen till mig som vi har sagt behöver hjälp, dom litar på att dom får hjälp som dom behöver. Men jag vet att en del lärare tycker att det händer för lite. Det går för långsamt.

Ett vanligt sätt att skilja den specialpedagogiska verksamheten från klassundervisning är att peka på pedagogiska eller metodiska skillnader. Ofta framhålls att det krävs ett särskilt slags undervisning för att tillgodose behoven hos de elever som uppvisar svårigheter i skolarbetet. Man menar att klassundervisningen inte når vissa elever och då blir det självklart att förflytta eleven till en miljö där andra arbetssätt tillämpas. Specialpedagogerna själva säger att det annorlunda arbetssättet ofta är knutet till laborativt arbete och mer lustbetonade aktiviteter:

> Jag har ju en massa grejer till hands då. Jag har ju en stor klocka som varje barn får ta så fort den behövs och jag har ju laborativt material i matte och kortlekar i mängder och så.

> Jag har många gånger skrivit det dom ska läsa på lappar och vi spelar lite spel. Ja, vi gör det på ett lite roligare sätt.

Inte sällan ger specialpedagogerna uttryck för att barnen har tappat intresset för undervisningen i klassen och uppgiften blir initialt att "få igång" dem igen. Ett ord som ofta används i sammanhanget är "puff". Det gäller att ge dem en puff så att de kommer igång:

> Sen så har hon en elev i matte och sen har vi ibland den tiden och delat upp för dom som behöver en extra puff i svenska ...

> ... jobbar mer att puffa när det gäller matte och läsning, jag försöker att ge basen.

> Dom är ofta väldigt osäkra, även försöka hitta det dom är bra på och puffa på och tala om för dom vad dom kan också och konkretisera det man jobbar med.

Men bland de intervjuade finns också uppfattningen att det inte föreligger någon egentlig skillnad mellan specialpedagogisk verksamhet och klassundervisning och att en sådan skillnad heller inte vore önskvärd. Specialpedagogerna själva hävdar det egna ämnets egenart och existensberättigande medan det är en tämligen vanlig uppfattning bland lärarna att de båda verksamhetsformerna egentligen inte skiljer sig åt:

> Jag anser att jag har den kompetensen som speciallärarna har. Jag skulle kunna undervisa lika bra utan vidare.

Vad är det som bestämmer vilka elever som skall få specialpedagogisk hjälp?

De vanligaste skälen till att eleverna behöver specialpedagogiskt stöd kan sammanfattas i *socioemotionella problem* av olika slag. Det handlar då oftast om bristande anpassning, stökighet och sociala problem, problematik som förefaller bli vanligare med elevernas stigande ålder:

> Där har vi alltså elever som är skärpta och elever som inte kan nånting. Det är alltså en spridning och det beror på … många som går där går på sociala problem. Socialgrupp brukar jag kalla dom.

> Det är elever som kanske skolkar, är väldigt jobbiga socialt och har problem av det slaget.

> Sen är det ju alla dom här stökiga barnen då. Det är ju dom som tar uppmärksamheten.

> Vi behöver mer hjälp med dom här, alltså, stökiga eleverna, va. Framförallt det.

En annan grupp som dock är svårare att identifiera är de elever, främst flickor, som är så tysta i klassen att de inte uppmärksammas av läraren. Här fungerar den specialpedagogiska verksamheten som ett forum för barnen där de vågar uttrycka sig. Många specialpedagoger är bekymrade över den negativa påverkan skolan som miljö har på dem.

> Dom får vara i en liten grupp, dom får synas, dom är viktiga och dom vågar prata och allt det här va.

Nästan lika vanligt som beteendemässiga problem är det som man upplever som *bristande intellektuell kapacitet* hos eleverna. Här ryms barn som är inskrivna i särskolan men som får sin undervisning i vanliga klasser liksom de barn som anses ha svag intellektuell förmåga i allmänhet. Ofta uttrycker man det så att dessa barn inte "hänger med":

> Ja, att dom inte hänger med överhuvudtaget, att dom är långsamma. Dom behöver mer träning.

> Tja, man ser ju när barnen inte hajar, inte hänger med. När dom inte förstår vad det handlar om. Åt dom får man ju göra något då. Och det är det man hela tiden går och kollar – förstår du, hör du, begriper du?

> Ja, jag vill tro att det är dom som inte hänger med huvudsakligen.

> Ja, det är uteslutande deras möjligheter att hänga med i undervisningen. Det är alltid det som är avgörande.

Många menar också att de elever som får specialundervisning tidigt ofta permanentar sina särskilda behov:

> Oftast så blir det ju dom som är svaga som har hamnat där och som inte kommer tillbaka utan dom blir ju där.

Skolans behandling av dessa elever är intressant även ur andra aspekter. En inte helt ovanlig uppfattning bland de intervjuade är nämligen att man är tveksam till att satsa resurser på elever som ändå inte kan tillgodogöra sig undervisningen. Enligt denna uppfattning skulle man få betydligt bättre utbyte av de specialpedagogiska resurserna om de satsades på elever som inte hade alltför dåliga inlärningsodds. Följande exempel illustrerar detta dilemma:

> Jag tycker att i vissa sammanhang så har specialundervisningen för en del elever varit att spilla krut. De har varit ohjälpliga, det är inte så va, men de har suttit timmar från ettan till sexan och bara tragglat de här sakerna. Det har inte gett speciellt mycket.

Skall vi hålla på och lägga ut specialundervisning på hopplösa fall, såna som vi känner att det är meningslöst att vi lägger tid på. Dom lär sig ingenting ändå. Det är tid att vi börjar ställa lite provokativa frågor även i skolan. ... Jag tycker nog att man får, det är kanske fruktansvärt att säga, men man får kanske skära ner för de elever där man ser att det inte blir något resultat. Vi får nog offra dem lite grann.

Det är hårt att säga det, men om det inte var några elever där som egentligen var meningslöst att sätta så mycket resurs på.

Många av de intervjuade tar upp dessa kontroversiella frågor i samband med skolans försämrade ekonomi. Man menar då att det gäller att få största möjliga utbyte för så många som möjligt i relation till de insatta resurserna.

När det gäller mer specifika problem relaterade till skolans ämnen utgör *läs- och skrivsvårigheter* den vanligaste orsaken. Vanligt är att man kommit fram till detta genom något slag av test. Många specialpedagoger använder sig av äldre testtyper för att fånga upp de elever som behöver särskild hjälp i svenska:

Läs- och skriv tycker jag är en viktig bit då. Där går jag igenom varje klass som jag har, grovsållning med det här gamla $H_4 - H_5$[12] som kanske anses värdelöst på Lärarhögskolan ... och det slår väldigt väl ut då, vilka som släpar efter. Sen har vi ju stavtest också bredvid det, det gör jag på alla i klassen gemensamt.

Jag började med att gå ut med ett test till hela skolan i början på hösten. Först rättstavningstest och utav dom så sållade jag ut dom som jag trodde var dyslektiker ... Så sållades dom ut, så jag jobbar med 20–21 dyslektiker alltså dom här timmarna.

Många specialpedagoger anger att problem i svenska kan medföra att eleven får andra problem också. Elevens frustration kan då ta sig uttryck som stökighet:

12 Lindahls läsprov från 1963.

> Det är flera som har läs- och skriv och andra problem. Får dom inte ihop orden så får dom ju andra problem. Jag har flera pojkar i sexan nu som är stökiga och jobbiga.

Det framhålls av flera befattningshavare att problem i skolans ämnen, och framför allt i svenska, ofta medför beteendeproblem. Just dessa båda kriterier anges av flest intervjupersoner som viktig orsak till specialpedagogiska insatser.

Matematiksvårigheter anges också som viktig urvalsgrund, främst i grundskolans tidiga år. Ingen av de intervjuade nämner dock matematiksvårigheter utan att även nämna läs- och skrivsvårigheter, medan det omvända är vanligt.

> Specialläraren har lästest, och så har vi fått en när vi började med den här nya matematiken som vi började med för tre år sedan, Småstegsmetoden kallar vi ju den. Så fick vi med ett papper på olika sätt som vi kan titta på barnen om dom kan ramsräkna och peka samtidigt. Mattetest kan vi kalla det.

Men det är inte enbart elevernas problem som lyfts fram som orsak till att specialpedagogiskt stöd behöver sättas in. Särskilt de intervjuade rektorerna anger att ett viktigt skäl till specialpedagogiska åtgärder är att *klassläraren/ämnesläraren har problem i klassen.* Det kan handla om att eleven inte förmår uthärda klassrumssituationen och därför reagerar, eller att man i elevvårdskonferensen beslutat att det bästa för eleven är att slippa undervisningen i klassrummet:

> Det kan bero faktiskt på att läraren har en undervisning som är på fel nivå, eller på en nivå som barnet inte kan ta. Det kan ju vara så att mitt undervisningssätt inte alltid passar eleven.

> Då har specialläraren helt enkelt fått sätta sig med kanske tio elever ... där är då inte alla tio som annars skulle bedömts vara i behov av speciallärarhjälp, men den situationen i klassrummet ... Ja, sen är det olika lärares arbetssätt helt enkelt som också styr, det kommer man inte ifrån.

Vilket är den specialpedagogiska verksamhetens innehåll?

När man studerar svaren på frågan om vad man konkret sysslar med i den specialpedagogiska vardagen, är det arbetet med den enskilde eleven och hans problem som är primärt. Eleven har uppvisat sådana svårigheter i skolarbetet att bedömningen gjorts att speciella stödåtgärder erfordras för att han eller hon skall utvecklas på ett tillfredsställande sätt i skolan. Den enskilt viktigaste uppgiften är enligt specialpedagogerna att *bygga upp elevernas självförtroende*, medan denna inriktning förefaller vara av mindre betydelse bland de övriga lärarna. Specialpedagogerna ser det som en viktig uppgift att få eleverna att förstå att de duger och att de kan:

> Jag tycker att det viktigaste är att jag ser att dom mår bra. Det är specialundervisning för mig om jag kan få dom lite styrkta så där, ja, säkra på sig själva.

> Ibland tycker jag att det här med läsningen och pluggandet är oväsentligt jämfört med det att stötta en elev så att han eller hon tror på sig själv.

Men specialpedagogerna ger också uttryck för att det kan finnas en konflikt med klass- eller ämneslärarna rörande innehållet i verksamheten:

> Det är ju som jag säger att dom ska må bra, må bra, för jag tycker när man ser att dom mår dåligt och inte klarar det ... Jag tycker inte att det är så förfärligt viktigt att man stavar rätt, men det vågar man ju knappast inte säga till vissa lärare.

> Lärarna som jag nu samarbetar med i viss utsträckning, dom kräver att jag dels ska göra det som barnen gör i klassrummet plus att börja där som barnet befinner sig. ... Jag kan kanske under fem–tio minuter av min dyrbara tid göra sådana insatser, för att barnet inte skall tappa självförtroendet helt.

Föreställningen att eleven med hjälp av specialpedagogiskt stöd skall kunna *komma ifatt* sina kamrater är också vanlig. Den specialpedagogiska resursen kan på så sätt användas för att hjälpa till att differentiera undervisningen. Specialpedagogens uppgift kan vara att följa upp klasserna för att se hur väl eleverna har lyckats tillägna sig de baskunskaper som man arbetat med i klassen. De elever som inte klarat av detta får extra hjälp:

> Jag följer upp, jag har en del speciella grejer för mig med läxor i matte t.ex. i trean och sexan. En sorts bakläxa varje vecka, ständigt återkommande, som jag håller i och som dom får till varje fredag. Då får jag hålla i med baskunskaperna och hålla i det.

Ofta handlar det om att man gör samma sak hos specialpedagogen som i klassrummet men med begränsat innehåll och med annan metodik:

> Ja, dom gör det dom gör i klassen men hoppar över mycket och jag gör det förenklat kan man säga då. Ja, basen så att den finns och så behöver dom inte göra alla sidor och allting som dom andra gör utan det hoppar vi över.

En stor del av specialundervisningen används också till att träna stavning med elever som har sådana svårigheter. Även här ger de olika lärargrupperna uttryck för viss misstro gentemot varandra vad gäller specialundervisningens inriktning. Några klass- och ämneslärare menar att specialpedagogerna har en alltför bekväm arbetssituation. En lärare som undervisar de äldre eleverna säger:

> Detta just att man bara sitter och stavar. Jag tycker att det är så otroligt bortkastat. Det är ju ganska lättvindigt att man sitter med tre stycken och går igenom j-ljudet.

Konflikten mellan klasslärare och specialpedagoger blir uppenbar när den förre uppfattar specialundervisningen som något negativt för eleven därför att han hindras från att följa med i den viktiga undervisningen i klassen och i stället tvingas ägna sig åt uppgifter som anses ha mindre värde:

> Jag tycker jämt att man hör att dom stavar. Nu i åttan så stavar dom fortfarande, det opponerar jag mig emot.

En annan form av specialpedagogiskt stöd är mer inriktad på att assistera läraren så att han eller hon klarar av sin uppgift. Det kan då handla om att specialpedagogen antingen ger avlastning genom att ta ut elever ur klassrummet eller att han finns med i klassrummet för att stötta läraren. Många lärare uttrycker det specialpedagogiska behovet i klassen i "jag"-form:

> Jag har inte märkt, trots att elevantalet sjunker, att behovet av speciallärarhjälp sjunker, det gör det inte, snarare tvärtom. Tidigare har jag tyckt att jag ibland har kunnat klara mig själv, men nu så är jag så glad för varenda liten lektion jag får hjälp av en speciallärare, det behövs verkligen vara två.

Inte sällan handlar också den specialpedagogiska verksamheten om att lösa någon form av konflikt eller problem. Det kan handla om att en elev stör i klassrummet eller att eleven blir störd av sina klasskamrater så att hans arbete omöjliggörs. Men det kan också handla om att "rycka ut" för att hjälpa klassläraren genom att t.ex. ta hand om en grupp elever så att en kaotisk situation förhindras att uppstå. I båda fallen handlar det alltså om att man ser åtgärderna inte i första hand som specialpedagogiska men att de är av specialpedagogisk karaktär.

> Sen är det ju att ta hand om elever som inte fungerar i klassen. Det kan ju vara både från klassens sida och för elevens skull. Det kan ju vara så också, vet du, att ibland så tar jag hand om elever som är så störande att klassen far illa.

> Sen kan det ju vara så att klassläraren upplever att någon elev är orolig och vill ha bort eleven från klassrummet och då, vissa gånger får man lov att göra som klassläraren tycker, fast man egentligen inte vill.

Specialpedagogerna själva uttrycker ofta att det här handlar om att dels hålla elever med störande beteende borta från den ordinarie undervisningen, dels att befria den vanliga klassen från långsamma och lågpresterande elever som hindrar farten. Klasser eller kliniker som har bildats av denna anledning visar sig kunna bli beständiga institutioner under grundskolans senare år:

> Då blir det på högstadiet att vi har en så kallad obsklinik där för närvarande tror jag att det går elva elever. Inte några från sjuan utan bara från åttan och nian så att säga, att det är någon slags förvaring då för dom här eleverna. Och det är ju inte elever egentligen som ska ha specialundervisning utan det är elever som är stökiga. Sen har vi två stycken hjälpklasser. Det får man inte säga men det är, det är precis det det är, enått-nia och en sjua.

Flera intervjupersoner ger uttryck för att det föreligger meningsskiljaktigheter om huruvida en elev skall skiljas från gruppen eller ej. Situationen upplevs av klassläraren som ohållbar och man ropar efter specialpedagogens hjälp:

> Och jag skulle vilja att eleven togs ut ur klassen mera. Han stör mig fruktansvärt, stör de andra också och jag fungerar inte som jag ska när han är där. ... Han ska tas omhand eller det ska göras nånting innan allt brakar, och det gör det snart. Där har vi inte samma uppfattning alls, specialpedagogen och jag.

Att specialpedagogen ibland får rycka ut och klara upp akuta situationer av skilda slag är följande citat från en av de intervjuade rektorerna exempel på:

> Jag menar att tiden är förbi när specialundervisaren satt och höll på med dubbeltecknad konsonant. Specialpedagogerna är ju den resurs vi har som är möjlig att omdisponera stup i kvarten, höll jag på att säga. Och vilket sker för att man ska kunna, när man ser att här uppstår behov, typ behov. Vi har naturligtvis den där stadige eleven som kommer varje måndag klockan ett. Det är en typ som då behöver sin stöttning för att klara matten eller vad det är. Det är en sak. Men vi har också det här att vi ständigt måste rycka ut och det är därför det är så viktigt här på skolan med dom här speciallärarresurserna.

Specialpedagogens mindre bundenhet till grupper och klasser innebär att hon eller han kan användas för att rädda svåra situationer. Ofta innebär det ett dilemma när svaga, snälla barns behov av hjälp får stå tillbaka för behovet att stävja stökighet.

Specialpedagogerna får utstå tryck från två håll. Dels kräver kollegialiteten att man hjälper sina arbetskamrater med avlastning, dels ser man som sin viktigaste uppgift att hjälpa och stödja de elever som av olika anledningar har det svårt i skolan.

Vilka faktorer avgör de specialpedagogiska insatsernas omfattning?

Avsikten med denna fråga var att komma åt vilka skäl som är avgörande vid dimensioneringen av den specialpedagogiska verksamheten samt hur detta avgörs. Det är vanligt att administrativa skäl blir avgörande och att behovsnivån bestäms utifrån tradition, antalet anställda lärare av olika slag eller centralt fastställda timplaner. Många rektorer anger den rådande tjänstesituationen som en viktig faktor när omfattningen av den specialpedagogiska verksamheten skall avgöras. Det specialpedagogiska behovet tycks då överensstämma med tillgängliga personalresurser, vilket inte är konfliktfritt. Några av de intervjuade vänder sig mot att det enda som synes vara konstant, oberoende av hur t.ex. elevantalet på skolan varierar, är antalet specialundervisningstimmar.

Ytterligare en aspekt på hur tjänstesituationen kan påverka specialundervisningens omfattning är att man för att fylla ut lärares tjänstgöring ger dem ”stödtimmar” så att de kan ha så stor del av undervisningen som möjligt i den egna klassen. Detta förefaller vara en tyst överenskommelse på de berörda skolorna men bidrar enligt specialpedagogerna till att sänka specialpedagogikens status. En lärare uttrycker denna känsliga problematik på följande sätt:

> Jag har väl en känsla av att det används för att rädda lite tjänster ibland. Du kan väl stänga dörren.

En rektor bekräftar att så ofta är fallet:

> Det har blivit utfyllnadstjänster helt enkelt för en del lärare, ja.

På många av de besökta skolorna arbetar en resursgrupp under vårterminen med att ta fram underlag och lägga förslag på nästkommande läsårs resursfördelning. Olika modeller används i samband med detta, men av flera intervjuer framgår att rektor vid det slutliga beslutet om fördelningen av resurser tar hänsyn till personalsituationen. Skolledarna ger också uttryck för svårigheten med att vara såväl personalchef som pedagogisk ledare. Eftersom pedagogiskt önskvärda lösningar ofta kan motverkas av krav som har med tjänstesituationen att göra, måste rektor fatta svåra beslut. En konsekvens av sådana beslut kan vara att den specialpedagogiska verksamheten inte får vare sig den kvalitet eller omfattning som de faktiska behoven av elevstöd skulle kräva.

Nära kopplad till tjänstesituationen är den lokala skolans tradition. Om specialpedagogerna utgör en stark grupp i kollegiet som kan motivera sitt arbete, ser man sällan skäl att förändra verksamhetens omfattning. Detta har även att göra med en låg förändringsbenägenhet över huvud taget på skolan. Rektor kräver inte resultatredovisning i någon högre utsträckning, vilket visar sig i att utvärdering av den specialpedagogiska verksamheten inte är särskilt vanlig på de skolor vi undersökte. Den resurs som man i åratal lagt ut som specialundervisning förändras inte och behovet ses som ganska konstant oberoende av antalet barn i skolan:

> Förra året hade vi alltså 45 tvåor här och när dom flyttade upp i trean så fick jag istället 25 ettor men jag har ungefär lika många spec-timmar med 20 färre barn. Därför är det väldigt bra just i år.

Intervjuerna visar också att skolledare i vissa fall inte särskilt aktivt styr och ifrågasätter en cementerad resursfördelning:

> Jag tror att det är gammal tradition. Vi har haft fyra tjänster här så långt tillbaka jag kan minnas.

Den specialpedagogiska verksamhetens objekt

En del av SPEKO-projektet innehöll 27 intervjuer med specialpedagoger. Var och en av dessa bearbetades med avseende på hur de formulerade sitt arbete och vilka objekt de inriktade sig på. Två tredjedelar av de intervjuade anger att deras arbete endast är inriktat mot individnivån medan var femte dessutom säger att de arbetar med klassen eller gruppen. Endast tre av de intervjuade uppger att de har en ännu vidare inriktning på sitt arbete, dvs. att utveckla hela verksamheten.

Individen

Det individinriktade arbetet kan i sin mest renodlade form ses som ett skyddande av eleven från omgivningen. Klassläraren ger specialpedagogen signaler om att någon elev inte fungerar på ett tillfredsställande sätt i klassrummet och specialpedagogen får till uppgift att lösa problemet. Klassläraren har svårt att få eleven motiverad för undervisningen, i stället blir han eller hon antingen "stökig" eller passiv och tyst. För att avhjälpa problemet förväntas specialpedagogen ge anpassad undervisning i en annan miljö.

> Från början så var en av våra tankar att bli en liten fristad så att säga, va. Om det är en kille eller en tjej då som inte klarar av att vara inne i klassen av vilken anledning som helst, och klasskamraterna klarar inte av honom, istället för att han bara då ska finnas här i environgerna, så kunde han ju då sitta här.

> De störda barnen ska först och främst ha lugn och ro. Försöka att skapa en lugn arbetsmiljö för dem, att skapa en lugn vrå där de kan fungera bättre.

I stället för att arbeta med problemet i den omgivande miljön avskärmar man eleven från den. Men avskiljandet måste fyllas med ett undervisningsinnehåll, vilket gör att dessa elever oftast får arbeta med läsning, skrivning och matematik trots att det inte är svårigheter i dessa ämnen som i första hand föranlett specialundervisningen.

> Jag har exempelvis en elev som egentligen inte alls har läs- och skrivsvårigheter men som sitter här uppe hos mig varenda svensktimma bredvid min läs- och skrivundervisning och lyssnar på band och har andra tysta uppgifter för sig. Det är en specialinriktad insats därför att den här eleven funkar inte på svensktimmarna.

Majoriteten av de intervjuade specialpedagogerna uttrycker att elevens situation i klassrummet är sådan att han behöver komma därifrån. Få ifrågasätter däremot öppet den klassundervisning som eleven inte orkar med.

I samband med att individuella åtgärdsprogram upprättas för eleven involveras, förutom eleven själv, ofta föräldrar, klasslärare och skolledning. De åtgärder som planeras för att komma till rätta med elevens problem stannar emellertid i de flesta fall på individplanet och specialpedagogerna ger sällan uttryck för att åtgärdsprogrammen innehåller förslag på förändringar i klassen eller skolan.

Klassen/gruppen

De specialpedagoger som anger att de ser som en specialpedagogisk uppgift att påverka undervisningen i klasserna påpekar också att detta är mycket krävande. Det gäller att visa vad man kan och samtidigt på ett smidigt sätt försöka få lärare att reflektera över sin egen undervisning:

> Jag brukar presentera för klasslärarna som jag jobbar med: Så här och så här jobbar jag, så här och så här tänker jag. Och jag kommer inte att gå in och tala om för dig att "nu skall du göra så här" utan det är vi tillsammans som ska försöka komma fram till nånting. Men där krävs det ju också att specialläraren säljer sin idé och gör nästan reklam för sig och sin kunskap då.

Specialpedagogerna ser, i kraft av sin dubbla kompetens som både utbildade klasslärare och specialpedagoger, ofta att problemen egentligen ligger i klasslärarens förhållningssätt eller undervisningsmetoder. Att peka på detta som möjliga orsaker till elevens problem kan emellertid utsätta kollegialiteten för stora påfrestningar.

De specialpedagoger som försöker påverka klassrumsarbetet beskriver ofta sitt arbete som konfliktfyllt. För att klara av detta krävs en stark och engagerad skolledning som förstår värdet av en sådan inriktning på arbetet:

> Jag har till exempel fått skolchefen med mig också för att dit har jag åkt ut och bara satt mig och pratat. ... Nu har vi då lyckan här med en rektor som jag kan prata med.

Specialpedagoger uttrycker att om man inte har ett klart mandat att arbeta i klasserna är det lätt att ge upp eftersom man inte vill komma i konflikt med sina kollegor:

> Man är ibland inte välkommen. Man upplever sig som en spion många gånger då man kommer in i klassrummet. Det finns vissa lärare som inte klarar av att ha nån i klassrummet.

Vidare är det ett problem för specialpedagogerna att förväntningarna på deras arbetsinsatser ofta följer traditionella banor. Den gängse föreställningen bland klasslärarna om vad specialpedagogerna bör inrikta sitt arbete mot är, som redovisats tidigare, oftast att arbeta åtgärdande med eleven så att han efter behandlingen kan återgå till klassen.

När man i stället försöker arbeta med att förändra miljöbetingelserna i skolan möts man inte sällan av misstro. En möjlig orsak till detta är att specialpedagoger ofta rekryteras ur de egna leden, dvs. efter genomgången utbildning återgår man till sin gamla arbetsplats. Många av de intervjuade specialpedagogerna ser detta som ett problem och menar att de trots hög kompetens har svårt att vinna gehör för sina förslag:

> Vi speciallärare vi kämpar. I tre år har jag nu pratat om vissa saker i elevvårdskonferenser osv. och man säger "javisst skall vi ha det och göra det", så det är inte ett motstånd. Så kom det en nyutbildad specialpedagog med på en konferens och hon sa samma saker som jag sagt i tre år. Det uppmärksammades mycket positivt och vi satte igång nästan direkt.

Verksamheten som helhet

De specialpedagoger som har en vidare inriktning i sitt arbete än enbart direkt elevrelaterade insatser har det gemensamt att de ofta refererar till sin rektor under intervjun. De har fått ett mandat av rektor, som ser det som en specialpedagogisk uppgift att utveckla hela skolans verksamhet så att alla elever kan ges förutsättningar att delta i den vanliga klassundervisningen. Specialpedagogerna känner emellertid att detta ställer stora krav på dem eftersom det ofta innebär "obekväma" beslut av stor betydelse för klasslärarna. Det kan gälla resursfördelningsfrågor men också val av arbetssätt i klasserna. En grundförutsättning för att lyckas är då att man har skolledningens fulla stöd för sitt arbete.

Den officiella uppgiften och den inofficiella

SPEKO-projektets resultat visar att specialpedagogerna måste hantera ett stort antal problemområden i grundskolan, vilka har det gemensamt att elever uppvisar sådana avvikelser från det som upplevs som normalt att specialpedagogiska insatser krävs. Vidare visar studien att det är specialpedagogernas uppgift att i sina åtgärder förena behovet av att ge elever stöd, stimulans och en individuellt anpassad undervisning med att befria klassen från störande inslag. Det är den första funktionen som utgör den officiella uppgiften, den som uttrycks i styrdokument på olika nivåer i utbildningssystemet och likaledes av främst de intervjuade skolledarna. Den inofficiella uppgiften utgörs av specialpedagogikens andra funktion, nämligen att åtgärder vidtas i syfte att skapa mer homogena och därmed "problemfria" grupperingar där verksamheten skall kunna fortgå utan hämmande inslag t.ex. i form av elever som har inlärningssvårigheter.

Denna dubbla funktion är emellertid inte okontroversiell. Specialpedagogerna förväntas dels använda sina fördjupade pedagogiska kunskaper för att på bästa sätt stötta och hjälpa individen, dels tillmötesgå krav och/eller förväntningar från klass-, ämneslärare och rektor, vilket inte sällan försätter dem i konfliktsituationer och kan utsätta kollegialiteten för påfrestningar. Den dubbla funktionen visar sig kunna ta sig olika uttryck på olika skolor och är i hög grad beroende av hur de lokala maktförhållandena ter sig. Lindblad (1994) konstaterar att sådana konflikter förefaller att vara en del i lärararbetet och skriver:

> Som tjänsteman skall lärarna verka för att läroplaner förverkligas och direktiv följes. Men å andra sidan är lärarna verksamma i en social institution med där utvecklade regler och traditioner – en institution i en lokal kontext där specifika förhållanden råder. Lärarna förs in i och

är medlemmar av en kultur med en uppsättning normer för vad som är riktigt agerande – med specifika hotbilder och allianser. (s. 70)

I spänningsfältet mellan mer eller mindre klart uttryckta uppgifter bedrivs den specialpedagogiska verksamheten. Skolan som arbetsorganisation sätter ramar för hur arbetet kan bedrivas, eftersom den sammanhållna klassen/gruppen fortfarande är den vanligaste och rekommenderade organisationsformen för undervisning.

Flera av de intervjuade specialpedagogerna ger uttryck för att deras arbete för med sig att de hamnar i konflikter. Tjänstekonstruktionen i grundskolan medför att klass- och ämneslärarna ibland själva tar hand om specialundervisningen i de klasser där de undervisar för att fylla ut sina tjänster. För specialpedagogerna kan detta innebära att man av kollegiala skäl inte protesterar mot att elever som skulle behöva hjälp av en lärare med specialpedagogisk kompetens inte får det. Men resultatet visar att även den motsatta situationen kan uppstå, nämligen att förekomsten av specialpedagoger vid skolan i praktiken kommer att reglera det specialpedagogiska behovet. I det senare fallet är det klass- respektive ämneslärarna som hamnar i ett dilemma som man dock helst förtiger bl.a. av hänsyn till kollegialiteten.

Få befattningshavare i skolan har en så utsatt ställning som specialpedagogerna när det gäller skyldigheten att föreslå eller vidta åtgärder som kan upplevas obekväma för andra personalgrupper. Det krävs mycket av kompetens och civilkurage för att antyda att en elevs svårigheter kan bero på brister i den undervisning han eller hon är föremål för. Detta blir särskilt tydligt i samband med upprättande av åtgärdsprogram i vilka det främst är frågan om att beskriva hur de förutsättningar, under vilka eleven arbetar i skolan, kan påverkas. Det förefaller sannolikt att ett viktigt skäl till att åtgärderna oftast stannar på individnivån är det problematiska i att föreslå åtgärder som kräver förändringar i lärarnas arbete, ifrågasättande av rådande organisation m.m.

Den särskilda analysen av intervjuerna med specialpedagogerna visar att deras arbete främst är inriktat mot att åtgärda problem på individplanet. Detta är kanske inte särskilt anmärkningsvärt eftersom det inte är förrän under senare år som de komplexa orsakssamband som kan ligga bakom skolsvårigheter fokuserats i utbildningen och den specialpedagogiska yrkesfunktionen. Vikten av att försöka förstå elevens svårigheter i ett vidare sammanhang betonas emellertid såväl i senare års forskning som i ett antal statliga utredningar. Vad som krävs är att elevens interaktion med sin omgivning blir ett naturligt inslag i det specialpedagogiska arbetet, och detta måste i högre grad än idag bli en *hela* skolans angelägenhet.

Att komma ifatt de andra

Vi har tidigare berört specialundervisningens funktion som instrument för differentiering. Differentieringsbehovet uppstår när heterogeniteten i elevgruppen innebär att elevernas skiftande förutsättningar i olika avseenden omöjliggör en undervisning som riktas till vad en av de intervjuade kallar "en tänkt medelelev". Resultaten visar att om undervisningen i hög grad bygger på läromedelstexter finns risk att elever med läs- och skrivsvårigheter får bekymmer i flera ämnen, vilket kan utvecklas till en specialpedagogisk angelägenhet.

En vanlig föreställning bland de intervjuade är att specialundervisningen skall innebära att eleverna efter en tids behandling skall ha kommit ifatt sina klasskamrater. Flera specialpedagoger ger också uttryck för det dilemma de ställs inför genom att sådana förväntningar ställs på deras arbete. Problemet här är att måttstocken utgörs av de andra elevernas prestationer, vilket ofta innebär att orimliga krav ställs på både specialpedagogen och eleven. Ofta relateras de förväntade prestationerna till betyg eller prov, vilket exempelvis medför att det inte räcker för eleven att prestera optimalt utifrån sina förutsättningar.

Det är en grundläggande utgångspunkt i den svenska grundskolan att alla elever skall få möjlighet att utvecklas i egen takt och utifrån sina egna förutsättningar. Samtidigt är det skolans uppgift att, även om det är "fria val", fördela elever på olika efterföljande utbildningar och platser på arbetsmarknaden. Att dessa i sig motstridiga uppgifter blir särskilt tydliga när det gäller elever som får problem i skolarbetet visar också resultatet av den här studien. Samtidigt som ett filantropiskt synsätt motiverar extra stöd och resurser åt dem som har de största behoven, finns således ett mindre artikulerat, sorterande motiv, som går ut på att avgöra vilka barn som har de bästa respektive sämsta förutsättningarna att tillägna sig studier och därmed kunskap. Foucault (1986) menar att detta är en del av det mänskliga sociala livet och att avvikelser har en given plats i samhället. De kan inte elimineras men får olika uttryck under olika tidsepoker. Men om man accepterar det faktum att barn är olika när de kommer till skolan och att det inte är skolans uppgift att reducera denna olikhet, får detta konsekvenser för skolans hela verksamhet. Först då accepteras det förhållande att barn lär sig i olika takt och på olika sätt, vilket i sin tur innebär att kvaliteten på det barn lär sig inte med nödvändighet sammanhänger med kvantiteten i termer av t.ex. antalet lösta matematikuppgifter eller lästa boksidor. Men om det faktiskt uttalade målet för specialundervisningen är att eleven skall komma ikapp de andra, finns uppenbar risk att besvikelsen blir stor när detta inte sker. Tidigare forskning visar att det som regel är omöjligt för en elev som har svårigheter i skolarbetet att genom specialundervisning dels ta igen de kunskapsbrister som föranlett specialundervisning, dels avancera till sina kamraters kunskapsnivåer.

Ytterligare en risk är att de elever som ständigt ”ligger efter” de andra utvecklar egna strategier för att ändå visa omgivningen att de duger. Vuxna analfabeter kan t.ex. vittna om de färdigheter de utvecklat i att dupera folk till att tro att de kan läsa. Dessa alternativa (och i vissa sammanhang funktionella) ”basfärdigheter” blir dock i längden ohållbara då de skapar otrygghet eftersom risken för avslöjande är ständigt närvarande.

Som vi tidigare konstaterat är en av demokratins grundpelare att samhället ger alla individer möjligheter att tillägna sig grundläggande värden, kunskaper, attityder och färdigheter för egen förkovran i samhällets tjänst. Det har blivit skolans uppgift och skyldighet att systematisera och genomföra detta och som motprestation har individen skyldighet att infinna sig i skolan. Denna dubbla skyldighet innebär också rättigheter. Individen har rätt att kräva god utbildning i enlighet med läroplanen och skolan har rätt att förvänta sig samarbetsvilja hos individen. Men eleven har också rätt att förvänta sig att utbildningen är anpassad till hans möjligheter att tillgodogöra sig den. Resultatet av undersökningen visar att uppfattningarna varierar stort när det gäller hur detta skall ske för de elever som har svårigheter i skolarbetet.

Diselprojektet – En kvantitativ undersökning om specialundervisning och differentiering

I den andra delen av SPEKO-projektet, *Specialundervisning och differentiering*, var avsikten att med utgångspunkt i en omfattande enkätundersökning bl.a. söka svar på frågan vilka elever det är som får specialpedagogiskt stöd. Ett tiotal olika bakgrundsvariabler användes i analyserna och det visade sig då att elevens begåvningsnivå, kön och socialgruppstillhörighet hade störst betydelse för huruvida eleven fick stöd eller ej. Pojkar med låg begåvning från socialt sett sämre rustade hem var överrepresenterade bland de elever som fick specialpedagogiskt stöd. Sambanden var emellertid svaga men resultaten visade att knappt 20 procent av förklaringsvärdet kunde hänföras till dessa elevkaraktéristika. Resterande 80 procent handlade om andra saker.

Eleverna i undersökningen fick också ange hur duktiga de ansåg sig vara i sju skolämnen. När de fördelas på sex grupper[13] visade det sig att de elever som varit föremål för specialpedagogiska åtgärder skattade sig lägre i de teoretiska ämnena än de som inte haft något sådant stöd alls. I de praktiskt-estetiska ämnena, däremot, fanns inga sådana skillnader. I och för sig kunde dessa resultat inte ses som särskilt anmärkningsvärda eftersom det i de flesta fall var just svårigheter i skolans teoretiska ämnen som föranlett det särskilda stödet.

Det är alltså i huvudsak tre bakgrundsfaktorer – begåvningsnivå, socialgruppstillhörighet och kön – som haft betydelse för huruvida en enskild elev får specialpedagogiskt stöd eller ej. Detta innebär

---

13 De sex grupperna utgörs av pojkar respektive flickor som fått specialundervisning i särskild undervisningsgrupp, av annat slag eller inte alls.

naturligtvis inte att fördelningen av specialpedagogiska resurser inom skolor eller klasser är slumpmässig utan snarare att varje lärandemiljö i sig skapar sina egna behov av att definiera vissa elever som problemelever. Orsakerna har mer att göra med lärandemiljön som sådan, undervisningen och organisationen av arbetet än med individuella elevkarakteristika. En betydelsefull konsekvens av detta är att den relativt stora andel elever som får särskilt stöd bildar en tämligen heterogen grupp, vilket gör det särskilt intressant att studera hur den vidare studiekarriären för dessa elever gestaltar sig.

Specialpedagogiskt stöd och utbildningskarriär

Resultatet av undersökningen genererade nya frågor, bl.a. om hur den fortsatta studiekarriären såg ut. En ny datainsamling genomfördes under våren 2001 då eleverna besvarade en enkät som innehöll frågor om hur man upplevt gymnasietiden, om man tyckte att man fått nya kunskaper samt om man planerade att fortsätta studera (Emanuelsson & Persson, 2003).[14] Utöver resultat från enkäten finns uppgifter om slutbetyg från årskurs nio, resultat från ämnesprov i svenska, matematik och engelska samt val av program till gymnasieskolan. Detta innebar en unik möjlighet att följa en riksrepresentativ elevgrupps studiekarriär från årskurs tre in i gymnasieskolan och även få en bild av deras skolupplevelser efter avslutad skolgång. I studien fokuserades i huvudsak skolgången hos elever som bedömts ha haft sådana svårigheter i grundskolan att de fått specialpedagogiskt stöd.

I tabell 2 relateras omfattningen av specialpedagogiskt stöd till betyg i matematik vid slutet av årskurs nio. Även om det föreligger skillnader mellan det mönster som illustreras i denna tabell och motsvarande för andra ämnen är likheterna större än skillnaderna.

---

14 Longitudinella studier med en utsträckning över mer än tio år är mycket sällsynta. Detta faktum gäller inte minst i specialpedagogisk forskning, vilket observerats och beklagats vid upprepade tillfällen. Dessvärre ser inte framtiden särskilt ljus ut för denna typ av forskning, inte minst av det skälet att doktorsavhandlingar numera förutsätts bli färdiga inom tre år och att medel från statliga forskningsfinansiärer sällan omfattar längre tidsperioder än tre till fem år.

Tabell 2. *Betyg i matematik år nio i grundskolan relaterade till antalet år med specialpedagogiskt stöd årskurserna 3–9 (procent).*

	Antal år med specialpedagogiskt stöd						
Betyg i matematik	**0**	**1**	**2**	**3**	**4**	**5–7**	**Total**
Ej betyg (–)	1,3	5,7	9,4	16,1	19,3	28,5	4,9
Godkänd (G)	45,8	67,9	75,3	73,1	75,3	65,8	54,4
Väl godkänd (VG)	37,4	22,7	13,9	9,1	5,2	5,3	29,7
Mycket väl godkänd (MVG)	15,5	3,7	1,4	1,8	0,2	0,4	11,0
Total	100	100	100	100	100	100	100
N	5417	1179	555	453	405	228	8237

(N = antal elever)

Informationen i tabell 2 är intressant särskilt när det gäller årskurserna 3–6. Redan tidigt identifieras alltså de elever som senare kommer att få låga betyg och därmed minskande möjligheter till reellt val av gymnasieprogram. En vanlig åtgärd som skolan vidtar är då att sätta in specialpedagogiskt stöd i syfte att ge eleverna bättre möjligheter att klara skolan. Som ovan redovisade data visar förefaller effekten av detta stöd vara tämligen begränsad. För en stor andel elever leder de tidigt identifierade svårigheterna till en slags "specialundervisningskarriär" som utgör ett alternativ till den vanliga skolgången.

I stort sett alla elever som inte fått betyget Godkänd eller högre har haft specialpedagogiskt stöd under kortare eller längre perioder i grundskolan. Det faktum att endast 20 procent av de elever som fått specialpedagogiskt stöd en längre tid inte nått målen påvisar att eleverna har haft så stora svårigheter att skolan inte kunnat kompensera dessa elevers bristande förutsättningar.

Även om relationen mellan betyg och omfattningen av specialpedagogiskt stöd uppvisar liknande mönster även i andra ämnen, innebär inte detta att det är samma elever som har svårigheter att nå målen i alla ämnen. Detta i sin tur innebär att andelen elever som inte kvalificerar sig för studier på gymnasieskolans nationella program därför att de inte nått Godkänd i ett eller flera av kärnämnena är än större än vad tabell 2 visar.

Även om mönstret i tabell 2 indikerar ett positivt samband mellan omfattande specialpedagogiskt stöd och låga betyg, så är det viktigt att uppmärksamma den relativt stora variationen i samtliga jämförda grupper, dvs. att eleverna uppvisar både goda och dåliga betyg som följd av specialundervisning. Detta illustrerar de komplexa orsaker som ligger bakom de specialpedagogiska insatserna där, som tidigare forskning visat, såväl individuella karakteristika som kontextuella företeelser har betydelse för förekomsten av specialpedagogiskt stöd.

Som jag tidigare nämnt finns det ett samband mellan lågt betyg i kärnämnena i årskurs nio och elevers möjligheter att fritt välja gymnasium. Utifrån från detta samband kan man vidare också se att många av de elever som har fått specialpedagogiskt stöd har begränsade valmöjligheter och är mer eller mindre tvingade att välja det individuella programmet eller att över huvud taget inte studera på gymnasiet. Det senare alternativet är idag närmast uteslutet p.g.a. arbetsmarknadens krav. Det är mycket svårt, för att inte säga omöjligt, att få ett arbete utan genomgången gymnasieskola.

Tabell 3 visar relationen mellan det specialpedagogiska stödets omfattning och val av program i gymnasieskolan. Elever som fått specialpedagogiskt stöd väljer i betydligt större utsträckning än andra det individuella programmet. Det bör återigen påpekas att det föreligger en relativt stor variation inom grupperna. Raden ”Ingen information” kan tolkas som andelen elever från de olika grupperna som valt att inte påbörja studier i gymnasieskolan direkt efter grundskolan. Dessa andelar är högre bland de elever som fått specialpedagogiskt stöd, särskilt bland dem som fått stöd under lång tid.

Tabell 3. *Val av program i gymnasieskolan relaterat till antalet år med specialpedagogiskt stöd i grundskolans år 3–9 (procent).*

Programval	Antal år som specialpedagogiskt stöd givits						
	0	1	2	3	4	5–7	Total
Naturvetenskapligt program	30,7	17,3	12,1	8,1	5,4	2,7	24,3
Samhällsvetenskapligt program	32,4	26,4	19,3	17,3	11,3	5,9	28,1
Yrkesförberedande program	28,3	41,8	49,0	49,0	48,5	47,4	34,3
Specialutformat program	5,2	4,9	5,1	4,5	5,9	4,5	5,1
Individuellt program (IV)	3,4	9,6	14,5	21,1	28,9	39,5	8,2
N	5 335	1 153	553	446	391	220	8 118
Ingen information	3	6	9	12	12	19	5

(N = antal elever)

En annan fråga som belystes i undersökningen var hur de elever som fått specialpedagogiskt stöd upplevde den hjälp de fått från sina lärare. I tabell 4 redovisas detta.

Tabell 4. *Upplevelser av problem i samband med att "få hjälp av lärare" under de tre sista åren i grundskolan i relation till antalet år eleven fått specialpedagogiskt stöd under årskurserna 3–9 (procent).*

Uppfattning av problem	Antal år med specialpedagogiskt stöd						
	0	1	2	3	4	5–7	Total
Utan några problem	38,4	28,9	26,5	26,5	29,2	22,7	35,1
Inga större problem	55,9	60,5	60,3	60,7	52,7	58,0	56,9
Stora problem	5,7	10,7	13,2	12,8	18,1	19,3	8,0
N	3 767	693	325	257	226	119	5 387

(N = antal elever)

Ett generellt mönster är att de elever som fått specialpedagogiskt stöd i högre grad än andra anger att de haft problem med att få hjälp av lärare. Detta är än vanligare bland dem som haft stöd i många år, av vilka flertalet bör ha haft stöd under de tre år som frågan avser.

Den här studien visar att specialpedagogikens och specialundervisningens roll inte fullt ut kan förstås enbart som åtgärder riktade mot enskilda individer och elever. Resultaten från studien bekräftar detta och det finns tecken på att specialundervisningen kanske är mer framgångsrik i att "lösa" den vanliga undervisningens problem än individuella elevers svårigheter. En aspekt av detta framträder tydligt i de stora likheterna mellan specialundervisningens traditionella former och undervisningen på gymnasieskolans individuella program. Detta kan också uttryckas som att behoven av organisatorisk differentiering i gymnasieskolan tillgodoses genom överföring av mindre kvalificerade elever till individuella program[15] i stället för till specialundervisning i traditionella former som i grundskolan. Intressant att lägga märke till är att andelen elever som går på individuella program tenderar att vara lika hög som motsvarande andel av elever som uttagits till specialundervisning i grundskolan.

Elevers svårigheter i den vanliga undervisningen upptäcks och identifieras som regel mycket tidigt i deras skolgång. Även om orsaker till sådana svårigheter varierar, inte bara i relation till individuella karakteristika utan än mer vad gäller kvaliteter i undervisningen, tenderar åtgärden att bli densamma – specialundervisning av eleverna. För en stor andel av dessa elever blir detta starten på en specialundervisningskarriär, som kan ses som ett alternativ till skolans vanliga undervisning. Detta har sedan länge tolkats som konsekvenser av specialundervisningen i den obligatoriska skolan, men studien visar på en liknande fortsättning i gymnasieskolan. Ett skäl till detta är att denna skolform – officiellt frivillig – i praktiken blivit obligatorisk för alla elever. Resultaten från studien pekar ut risken för att elever i olika slag av svårigheter får en fortsatt alternativ

15 Gymnasiets individuella program ersätts successivt med s.k. introduktionsprogram fr.o.m. höstterminen 2011.

utbildningskarriär som leder till mycket begränsad kvalificering i ännu längre tidsperspektiv än de tolv åren i ”en skola för alla”. Resultaten av den här studien får ses som utmanande för en fortsatt reformering av skolan och inte minst för gymnasieskolan.

En kartläggning av specialpedagogiken i Sverige

I internationell statistik framstår Sverige som ett land där få elever får specialpedagogiskt stöd. Ofta anges att knappt två procent av eleverna i grundskolan får sådant stöd, en siffra som är uppseendeväckande låg. Denna siffra stämmer inte, eftersom det inte funnits tillförlitlig officiell statistik över just grundskolans stödinsatser. Vad som redovisats är de elever som går i särskolan och specialskolan. Detta var ett av skälen till att Skolverket år 2001 initierade en studie genomförd av Andréasson och Persson där avsikten var att kartlägga det faktiska tillståndet i landets grundskolor (Skolverket, 2003). En enkätundersökning riktad till drygt 1 200 skolor i landet hade som syfte att få en klarare bild över situationen. Resultatet av undersökningen visade att det enligt skolornas bedömning var drygt 20 procent av eleverna som ansågs behöva specialpedagogiskt stöd. Samtidigt angav skolorna att 17 procent fick stöd under det år studien genomfördes, vilket visar att var femte elev som bedömdes behöva stöd ändå inte fick det.

Studien visar att den faktiska andelen elever som får specialpedagogiskt stöd i den svenska skolan i ett internationellt perspektiv är anmärkningsvärt stor. EU:s informationsorgan Eurydice (2005) redovisar visserligen en tämligen låg andel när det gäller elever som får sin undervisning i segregerade former (1,5 procent), men vad som skiljer Sverige från övriga EU-länder är det stora antal elever som får stöd inom ramen för den reguljära pedagogiska verksamheten. Visserligen är det svårt att få fram tillförlitliga uppgifter när det gäller just denna typ av verksamhet men i Norge har man uppskattat andelen till fem procent och i Danmark något färre som får sådant stöd (Egelund, Haug & Persson, 2006).

Det intressantaste med dessa uppgifter är ändå inte den genomsnittliga andelen som får stöd utan den stora variationen mellan Sveriges skolor. I den ovan refererade skolverksstudien var det möjligt att studera skillnader mellan skolor när det gällde sådant som stödets omfattning och inriktning, men också huruvida skolstorlek, lärartäthet och andelen specialpedagoger på skolan spelade roll. Resultaten från undersökningen visar att det är betydligt vanligare att elever i små skolor får särskilt stöd. I skolor med färre än 100 elever är det nästan 50 procent vanligare att elever får specialpedagogisk hjälp än i skolor med fler än 400 elever. Även när det gäller antalet lärare och specialpedagoger per 100 elever uppvisar skolorna betydande skillnader. I skolor med hög lärartäthet och god tillgång på specialpedagoger är det fler elever som får särskilt stöd. Av naturliga skäl finns ett negativt samband mellan skolstorlek och lärartäthet, men detta räcker inte som förklaring till skillnaderna. En tolkning är att man på skolor med hög lärartäthet lättare upptäcker de elever som har svårigheter och som därmed kan ges specialpedagogiskt stöd. Just tidig upptäckt och tidigt insatta åtgärder är något som brukar framhållas som väsentligt för hög måluppfyllelse och minskad risk för skolmisslyckanden. En annan, mindre smaklig förklaring till skillnaderna skulle kunna vara att specialpedagoger är angelägna om att finna "klienter" för att motivera sin verksamhet.

Just det här slaget av svårtolkade resultat ledde fram till att en uppföljande kvalitativt inriktad studie genomfördes. Bland de drygt ett tusen skolorna valdes ett mindre antal skolor ut, skolor som enligt enkätundersökningen arbetade på ett framgångsrikt sätt med elever i olika slag av skolrelaterade svårigheter. Inte oväntat menar de flesta av dessa skolors rektorer att de elever som anses behöva stöd också får det. I de flesta fall utgörs stödet av specialundervisning i en mindre grupp utanför den vanliga klassens ram. Hur utformningen av stödet ser ut skiljer sig mellan skolorna och skulle kunna sägas spegla skolans kultur och tradition. Ofta är åtgärderna knutna till specialpedagogens kompetens- och intresseinriktning.

På några av skolorna visar det sig finnas motsättningar inom personalgruppen när det gäller frågan om hur den specialpedagogiska verksamheten skall utformas. Inte sällan handlar det om att eleverna får samma slags stöd relativt oberoende av deras problembild. På skolor där detta slag av intern oenighet förekommer visar sig också föräldrarna ofta vara missnöjda med det stöd deras barn får. De flesta av de intervjuade föräldrarna på de tio skolorna är emellertid nöjda med det stöd deras barn erhåller. Även eleverna själva säger sig vara nöjda med den hjälp de får även om några vänder sig mot att behöva lämna klassen för att få hjälp av specialpedagogen. Det är emellertid inte alltid de vågar uttrycka sitt missnöje. En elev uttrycker detta på följande sätt:

> Om jag håller på med ett jobb och så kommer hon [specialpedagogen] och då vill jag fortsätta med det jobbet, jag säger OK och sen går vi. Min brorsa säger att om du inte vill, gå inte dit. Då säger jag att det kan inte jag bestämma, säger dom något så måste jag.

En annan elev ger i intervjun uttryck för att han får mer stöd än vad han egentligen behövde:

> – Tycker du att du får den hjälp du behöver i skolan?
> – För mycket.
> – Får du för mycket hjälp?
> – När jag inte behöver det får jag hjälp ändå.
> – Vem är det som hjälper dig?
> – Karin [assistenten].
> – Hur skulle du vilja ha det?
> – Lagom, inte för mycket hjälp och inte för lite.
> – Tycker du att du får mer hjälp än de andra får?
> – Ja!

De båda exemplen åskådliggör en problematisk aspekt av specialundervisningen. Skolan är skyldig att sätta in stödåtgärder när man bedömer att en elev kan få svårt att nå målen. Samtidigt finns alltså risken att åtgärderna upplevs som ett störande moment i arbetet.

En ytterligare studie, denna gång riktad mot skolor som enligt enkätundersökningen bedömdes arbeta mindre framgångsrikt med stödverksamheten, genomfördes av Andréasson, Heimersson och

Persson (Myndigheten för skolutveckling, 2005). Som urvalskriterium användes i huvudsak diskrepansen mellan bedömda behov och faktiskt stöd. Med denna utgångspunkt valdes tio skolor som representerande olika skoltyper, huvudmän m.m. En central frågeställning i denna studie var huruvida det går att urskilja specifika karakteristika hos de elever som, trots att de behöver det, får mycket ringa stöd i sitt skolarbete.

Ungefär 2 300 elever på de tio skolorna utgjorde studiens bas. Av dessa är det knappt 700, dvs. drygt 30 procent, som enligt skolornas bedömning inte får det stöd som de borde ha för att klara sig bra i skolan. En intressant iakttagelse är att variationen mellan skolorna är avsevärd – från nästan 0 procent till närmare 90 procent av eleverna får mindre stöd i skolan än vad de bedömdes behöva.

När det gäller bakgrundsfaktorn kön visar det sig att det är ungefär lika stor andel pojkar som flickor som tillhör den grupp som får mindre stöd än vad de skulle behöva. Detta mönster återkommer även när det gäller familjeförhållanden. Det finns alltså ingen anledning att tro att ensamföräldrar skulle ha svårare än andra föräldrar att argumentera för att deras barn borde få mer stöd. En grupp som emellertid har svårare att hävda sig i kampen om knappa stödresurser är elever födda i Sverige men vars föräldrar invandrat. Detta är särskilt tydligt på skolor med hög andel elever med annan etnisk bakgrund än svensk. Undersökningens resultat visar att skolorna lägger ned stor möda på att snabbt ge invandrade elever hjälp främst när det gäller deras språkutveckling. Detta förefaller ske på bekostnad av stöd till andra generationens invandrare.

Ett annat resultat från Andréassons, Heimerssons och Perssons studie är att svagpresterande elever som samtidigt är tysta, initiativsvaga och blyga kan komma i kläm vid fördelningen av specialpedagogiska resurser. Dessa elever har ofta svårt att koncentrera sig, är svaga läsare, gör så gott de kan men märks lite. Några av de intervjuade menar att skolan kan ha svårt att stå emot trycket från starka föräldrar som hävdar sina barns behov av stöd. I kampen om resurser blir då dessa barn förlorare.

En annan elevgrupp som upplevs som särskilt problematisk är de utagerande och ”bråkiga” eleverna. Det handlar då inte om att dessa elever får för lite stöd utan snarare om att deras bråkighet kan dölja bakomliggande problem som skolan inte förmår avtäcka. Konsekvensen blir att de får *fel* sorts stöd – ett stöd som kanske mest handlar om att hålla dem åtskilda från den övriga klassen. Här blir den specialpedagogiska verksamhetens dilemma tydligt. För att klara av en stundom kaotisk skolsituation identifieras några elever som ”störande”, ”utagerande” eller som ”bråkstakar”. Säkert är det också så att dessa elevers beteende är oacceptabelt och att någon form av åtgärder behöver sättas in. Problemet är emellertid att man från skolans sida sällan har tid eller möjligheter att på djupet analysera var roten till elevens beteende finns att söka. Det blir då beteendet i sig självt som åtgärdas för att eleven skall anpassas till rådande normer.

En undersökning om skolan och elever med funktionsnedsättning

Som vi tidigare konstaterat finns en koppling mellan funktionshinder och särskilt stöd. Det är emellertid inte självklart att en elev med funktionsnedsättning behöver specialpedagogiska insatser. Samtidigt är det intressant att notera att kunskapen om hur elever med funktionsnedsättning har det i den svenska skolan är begränsad. Det saknas kunskap om hur dessa elevers utbildningskarriärer ser ut, vilka olika slag av stöd de fått och kanske allra viktigast – det finns mycket begränsad forskning som ger besked om hur eleverna själva upplever sin skolgång.

I en studie genomförd av Holmström, Johansson och Persson (Skolverket, 2006) undersöktes i vilken utsträckning den svenska skolan är tillgänglig för elever med funktionsnedsättning. Undersökningen bygger på intervjuer med gymnasieelever, skolpersonal, centralt ansvariga tjänstemän och skolpolitiker. Resultaten visar att det främst är det individuella programmet och de yrkesinriktade programmen som tar emot dessa elever. Gymnasiets traditionella utbildningsstrukturer har inte förändrats i takt med att nya elevgrupper med olika typer av funktionsnedsättning fått ökat tillträde till denna skolform. Att arbeta med en realistisk självbild hos eleverna och att stärka deras "handikappmedvetenhet" är viktigt, menar några pedagoger och specialpedagoger. Detta skulle kunna tolkas som att eleven bör bli medveten om att det finns en skillnad mellan skolans krav och den egna förmågan, men frågan är vilka konsekvenser en sådan handikappmedvetenhet kan få för elevens identitetsutveckling.

Elever med fysiska funktionsnedsättningar är väl medvetna om vilka behov de har och vilka krav de kan ställa på skolan. Ändå vittnar många om hur svårt det varit att få de vuxna att förstå att de själva är "experter" på sina egna svårigheter:

> Jag började skolan i en Rh-klass, där trivdes jag inte. Man hade satt alla med olika sjukdomar i en och samma klass och då blev kraven väldigt låga.

> Jag har alltid fått höra att jag kostar så mycket pengar. Men jag måste ju ha min anpassning, men till slut orkar man inte utan anpassar sig själv.

> Jag har aldrig fått några lektioner på bottenplan. Tänk om det börjar brinna ... vem skall rädda mig då? Rektorn säger att vaktmästarn skall komma och bära ner mig, men varje gång någon eldar i en papperskorg och brandlarmet går måste ju först vaktmästaren se var det brinner.

Men många elever menar att skolan och lärarna alltid ställt upp och försökt anpassa verksamheten så gott man kunnat:

> Dom har förstått min situation, absolut. Jag har haft två lärare som har berättat för andra lärare så dom har hjälpt mig på så sätt. Och verkligen satt sig in i mitt problem om man säger så.

> Det är jag som bestämmer kan man säga. Dom frågar mig vad jag behöver så säger jag det och så får jag det. Jättebra. De andra eleverna kan inte påverka så mycket som jag kan.

I undersökningen ombads skolorna själva definiera begreppet funktionsnedsättning och välja ut ett antal elever som man menar ingår i denna grupp. Det innebär att gruppen definieras tämligen brett och bl.a. innefattas då elever med koncentrationsstörningar eller grava läs- och skrivsvårigheter. Just dessa elever menar att de under de första årskurserna oftast möttes av förståelse men att kraven under slutet av grundskoletiden blev närmast övermäktiga, vilket för en del löstes med anpassad studiegång.

> I början när jag gick på lågstadiet då fick jag mycket hjälp och tid, men sedan blev det mest tjat och skäll på att jag var för långsam och inte hängde med dom andra. Och sedan fick jag börja i en liten grupp och det var inte roligt. När jag kom till högstadiet fick jag prata mycket med kuratorn och då bestämdes det att jag skulle gå i skolan två timmar om dagen och läsa matte och svenska. Den andra tiden satt jag på en bänk i korridoren och väntade på mina kompisar.

> Jag har träffat många lärare men dom har inte kunnat förklara så att jag fattade och lärde mig, så jag tyckte inte det var någon idé att gå till skolan ... jag var i skolan men jag sket i att gå på lektionerna. Jag fick ju ingen hjälp och till slut hade jag bara två lektioner om dagen.

Skolans krav konkurrerar enligt flera elever med deras övriga sociala liv. En del elever vittnar om stora uppoffringar t.ex. när det gäller fritidsaktiviteter och samvaron med kamrater. För att klara av skolans krav blir läxläsning och andra skolrelaterade uppgifter det viktigaste.

> Min skoltid har varit bra, jag har inget negativt att säga om någon. Det som kanske har varit jobbigast för mig är att jag fått slita mycket mer i skolan än vad mina kompisar fått göra. På låg- och mellanstadiet gick det bättre, men när jag började högstadiet var jag tvungen att sluta med både ridningen och dansen för att orka med alla läxor. Jag har dyslexi och då tar allt mycket längre tid och jag måste plugga mer. Nu på gymnasiet vet jag inte hur jag skall orka med alla läxor och stora uppgifter. Jag vill ju också kunna vara med mina kompisar annars är ju risken att dom glömmer bort att fråga mig om jag alltid säger nej.

Eleverna i den här studien hade utvecklat olika strategier för att hantera sin skolgång. För en del elever tog sig anpassningen uttryck i resignation och tillbakadragenhet men också tacksamhet. Dessa elever var ofta stillsamma och utgjorde inte några större problem för skolan bl.a. av det skälet att de oftast hade assistenthjälp under skoldagen.

Ett starkt utagerande beteende kunde också vara uttryck för elevens försök att anpassa sig till de rådande omständigheterna i lärandemiljön. Om känslan av utanförskap och brist på gemenskap och delaktighet tar överhanden kan ett utmanande uppträdande i alla fall medföra att eleven får uppmärksamhet. Här krävs pedagogisk skicklighet för att komma till rätta med de bakomliggande faktorerna och inte bara stävja deras synliga uttryck, dvs. själva utagerandet.

Ett ytterligare försök till att klara av situationen är att helt utebli från skolan. Studien visar att elever med funktionsnedsättning ofta uteblir från skolan utan giltig orsak. Bland våra intervjuade elever hade flera anpassad studiegång och därmed en stark reducering av veckotimtalet. I några fall fanns eleverna ändå på skolan, vilket borde föranlett en djupare analys av var elevens problem kunde ha sin grund.

Men det trots allt vanligaste sättet att anpassa sig är att göra så gott man kan. De flesta av de intervjuade eleverna berättar om att de oftast anstränger sig så mycket de förmår för att klara av skolans krav och inte alltför mycket avvika från de andra. Alltför ofta uteblir ändå upplevelsen av att lyckas och en vanlig förklaring är att ”tiden inte räcker till”. Frågan blir då vad tiden skall räcka till i skolan. Om det inte räcker att prestera så gott man kan utifrån sina förutsättningar och med ändamålsenliga hjälpmedel lär tiden aldrig räcka till för elever med funktionsnedsättningar.

Inkludering och måluppfyllelse

Som tidigare konstaterats har den specialpedagogiska verksamheten ökat i omfattning i våra grannländer. Även om vi inte har statistiska data som visar hur utvecklingen ser ut i vårt land, så är mönstret sannolikt likadant här. En studie som rönt omfattande uppmärksamhet såväl i Sverige som internationellt har genomförts i Essunga kommun i södra Sverige, där elevernas skolprestationer på tre år förbättrades till den grad att kommunen klättrade från det absoluta bottenskiktet till de mest framgångsrika i landet (Persson & Persson, 2012).

År 2007 tillhörde Essunga kommun landets fem sämsta kommuner när det gällde andel med gymnasiebehörighet, genomsnittligt meritvärde och andel elever som nått målen i samtliga ämnen. År 2010 hade alla avgångselever i årskurs nio gymnasiebehörighet och man tillhörde landets tre främsta kommuner vad gällde måluppfyllelse. Året därpå hade man tappat något men tillhörde ändå landets fem procent bästa kommuner när det gäller betygsresultat. I nedanstående tabeller visas utvecklingen under 2007–2011.

Tabell 5. *Andel elever som nått målen i samtliga ämnen samt position i riket.*

	Procent	Rangordning
2007	62,8	287
2008	78,1	120
2009	80,6	99
2010	96,3	3
2011	92,5	13

Tabell 6. *Behörighet till nationellt program på gymnasiet samt position i riket.*

	Procent	Rangordning
2007	76,9	289
2008	91,4	90
2009	93,1	67
2010	100,0	1
2011	97,0	5

Tabell 7. *Genomsnittligt meritvärde samt position i riket. Högsta värde är 320.*

	Poäng	Rangordning
2007	188	285
2008	209	95
2009	219	29
2010	234	7
2011	226	12

Man kan naturligtvis fråga sig hur pass tillförlitliga siffror av det här slaget är när det gäller verksamhetens kvalitet. Aggregerade betygsresultat utgör inget objektivt mått, vilket visas av att betygsmedelvärdet i landets skolor har ökat markant de senaste 15 åren. T.ex. var ett MVG mer än 20 gånger vanligare 2010 än 1995.

Ett annat sätt att få en bild av en skolas kvalitet är att analysera resultaten från nationella prov. Vid granskningen av skolorna i Essunga kommun 2010 riktades kritik mot diskrepansen mellan matematikbetyg och resultat på ämnesprovet i matematik för årskurs nio. I tabell 4 visas andelen elever som nått målen på provet 2007–2011[16]:

Tabell 8. *Andel elever som nått målen för G på ämnesprov i matematik 2007–2011.*

2007	2008	2009	2010	2011
81,9	79,2	87,1	83,5	95,5

Av tabellen framgår att resultaten var sämre 2010 än året innan. År 2011 var det bara tre elever som inte blev godkända på provet. Liksom betyg utgör resultat på nationella prov tämligen otillförlitliga kvalitetsmått. I en liten kommun som Essunga kan dagsformen hos ett par elever få stor inverkan på hur kommunens

16 Uppgifterna är hämtade från SIRIS, Skolverkets Internetbaserade Resultat- och kvalitets Informations System.

utbildningskvalitet bedöms, en orimlig ordning som bör mana till eftertänksamhet när sådan statistik används.

Den viktigaste osäkerhetsfaktorn är jämförelsen mellan *olika* årskullar. Särskilt när kullarna är så små som i det här fallet, dvs. mindre än 100, så får varje individs prestationer således stor betydelse för det samlade resultatet. Detta kan naturligtvis vare sig sägas gynna eller missgynna en liten kommun som Essunga, men om en enda elev skulle misslyckas med att bli godkänd i något av kärnämnena får det stora konsekvenser för rangordningen. I stället för att rangordnas som etta i landet 2010 skulle det i Essungas fall innebära att man hamnade på femte plats.

Vidare är det så att rangordningen enbart säger något om en kommuns kvalitet relativt andra kommuner. Det finns således ingen gräns för vad som skulle kunna vara ett acceptabelt genomsnittligt meritvärde. Däremot skulle man med stöd av skollagen kunna påstå att de kommuner där inte alla elever har godkända betyg i alla ämnen, har misslyckats med sitt uppdrag. Alla elever har rätt att klara mål att uppnå i grundskolan, vilket alltså i praktiken inte är fallet. Den gränsen klarar ingen av landets 290 kommuner.

Huvudsyftet med projektet var att ur det empiriska resultatet och tidigare forskning kunna ta fram faktorer som på en mer generell nivå kan bidra till ett framgångsrikt förändringsarbete i skolan. De viktigaste framgångsfaktorerna visade sig då vara:

- *En genuin ambition att genomföra en förändring.* Säkerligen underlättades arbetet i Essunga av att man knappast kunde bli sämre. Ingen kunde hävda att verksamheten var så bra att den inte behövde utvecklas.
- *En öppen genomlysning av alla delar av skolans verksamhet.* Man bestämde sig för att arbeta med frågor som skolan kunde ha inflytande över och därmed inte se vissa elevers misslyckanden som konsekvenser av t.ex. torftig studiemiljö i hemmet. Genomlysningen gav underlag för genomgripande förändringar av såväl struktur som innehåll.

- *Ett auktoritativt ledarskap.* Det pedagogiska ledarskapet renodlades och det rådde ingen tvekan om vem det var som ledde förändringsarbetet. Även lärarnas roll som ledare poängterades och understöddes av skolans och förvaltningens ledning.
- *En analys av effekyterna av den specialpedagogiska verksamheten.* I Essunga gick före 2007 närmare var fjärde elev i små undervisningsgrupper. Samtidigt visade det sig att nästan ingen av dessa elever nådde målen och blev behöriga för gymnasiestudier. Den specialpedagogiska kompetensen koordinerades med arbetet i klassrummen och stödet blev på så sätt en del av det ordinarie arbetet.
- *En inkluderande grundsyn.* ”Alla ska lyckas, alla ska lyckas i klassrummet och alla ska vara inkluderade” blev skolans slagord. När de små grupperna lades ned blev det möjligt att förstärka bemanningen i den vanliga undervisningen. Inkludering sågs inte som en rumslig placering av elever utan ett sätt att tänka. De elever som så behövde fick lämna klassrummet och fick stöd i avskildhet för kortare stunder.
- *Ett forskningsbaserat arbetssätt.* Kompetensutvecklingsinsatserna under förändringsarbetet koncentrerades mot att gemensamt läsa och diskutera modern och relevant forskning. Detta medförde att pedagogiska diskussioner fick ett nytt innehåll och den egna verksamheten ses i ett större perspektiv.
- *Koppling mellan skola och socialtjänst.* En tjänst som elevcoach inrättades där uppgiften var att följa elever i riskzonen under och efter skoltid. Elevcoachen ingick i elevhälsan och koncentrerade arbetet på förebyggande åtgärder. I uppgiften ingick också att följa upp eleverna i gymnasiet.

Arbetet i Essunga kommun och den forskning som genomförts där har rönt stor uppmärksamhet. Skolan ingår tillsammans med fyra andra skolor i Europa i ett internationellt projekt där god praxis för inkludering skall vidareföras inom EU. Forskningsprojektet *Inkludering och måluppfyllelse* fortsätter t.o.m. 2014 med en andra delstudie där de elever som lämnade årskurs nio 2010 och 2011 följs upp genom gymnasiet.

Sammanfattande slutsatser av de presenterade studierna

De studier som presenterats i detta kapitel har valts ut för att ge prov på hur synen på elevers olikheter och skolans åtgärder för att möta dessa olikheter ter sig bland skolans olika aktörer. Som vi tidigare konstaterat är skolan en komplex institution med en mängd särintressen. Forskningsresultaten visar att den specialpedagogiska verksamheten i hög grad präglas av intressen som inte alltid är samstämmiga. Vid en internationell jämförelse framstår den svenska skolan som tämligen oreglerad när det gäller att avgöra om en elev skall få specialpedagogiskt stöd eller ej. Vanligtvis krävs inga utredningar utöver sådana som skolans egen personal genomför, vilket innebär att det inte sällan är skolans normsystem som blir avgörande för den specialpedagogiska verksamhetens innehåll, omfattning och personkrets. Konsekvensen blir att det som på en skola betraktas som ett problem och som kräver specialpedagogiska åtgärder på en annan skola löses inom ramen för den vanliga pedagogiska verksamheten.

En annan intressant företeelse är elevers och föräldrars begränsade inflytande i samband med diskussionen om huruvida stödåtgärder skall sättas in eller ej. Vid utvecklingssamtalen presenteras vanligen förslag till åtgärder för eleven och föräldrarna. Att argumentera för andra åtgärder än dem som skolan lägger fram kräver kunskaper som de flesta föräldrar inte har. Det innebär att stödåtgärder som t.ex. undervisning i liten grupp oftast bestäms med utgångspunkt i skolans bedömning av elevens behov, tillgängliga resurser och önskemål från skolans personal. Som resultaten från de presenterade studierna visar kan detta innebära att eleven själv inte riktigt förstår, men ändå tvingas acceptera de speciella lösningar som föreslås.

Kompetens att möta alla elever

Lärarkompetens och specialpedagogik

Som vi tidigare konstaterat är det en ambition i svensk skollagstiftning att en så stor andel som möjligt av eleverna skall gå i den vanliga skolan. Vid internationella jämförelser är det också så att en relativt liten andel av årskullarna går i andra skolformer än grundskolan och gymnasieskolan. Vi har också sett att grundskolan, trots att den idag är i princip organisatoriskt odifferentierad, haft svårt att leva upp till ambitionen att hålla samman elevgrupperna. I stället har olika slag av specialpedagogiska åtgärder kommit att utgöra försök att lösa differentieringsproblem.

En bidragande orsak till detta är lärarutbildningarna, som fortfarande är mycket ämnes- och stadieinriktade. Trots att vi 1985 fick ett riksdagsbeslut om en ny lärarutbildning (Prop. 1984/85:122), där strävan var att lärarkompetens och -behörighet inte skulle vara låsta till stadiegränser, visade det sig svårt att lämna det traditionella ämnes- och stadietänkandet. Ett skäl till detta utgjorde sannolikt den fragmentisering av utbildningarna som tog sig uttryck i en uppdelning av lärarutbildningens innehåll i områden som pedagogik, metodik, allmändidaktik, ämnesdidaktik, specialpedagogik och ämnesteori. Inte sällan var dessutom dessa områden bundna till olika ämnesinstitutioner vid universiteten och högskolorna, vilket i många fall motverkade samarbete och i stället främjade konkurrens och revirtänkande.

Under 1990-talet publicerades ett antal kritiska rapporter där man ställde krav på förändringar av lärarutbildningen (Högskoleverket, 1995; Lärarförbundet, 1995; Ds 1996:16). Ett gemensamt drag i dessa utredningar och utvärderingar var att tyngdpunkten i lärarutbildningen måste förskjutas mot *det mer generella* som grund för ett livslångt lärande inom läraryrket. Vidare efterfrågades ett mer uttalat vetenskapligt förhållningssätt samtidigt som man lyfte fram yrkespraktikens ställning som bas för teoretisering och kunskapsbildning.

Ett av specialpedagogikens dilemman är att den genom sin blotta existens kan bidra till och legitimera åtgärder som leder till exkludering och segregation. Oftast har lärare vid specialpedagogiska institutioner och enheter stått för de specialpedagogiska inslagen i lärarutbildningen. Detta har sannolikt inneburit ett slags kvalitetsgaranti men också att lärare i pedagogik, metodik m.fl. ämnen kunnat undvika problem relaterade till elevers svårigheter. I förlängningen har detta inneburit att dessa elever setts som "ett annat slags problem" som man förväntat sig att specialister på svårigheter skulle lösa.

Ett annat problem är att de förväntningar man traditionellt haft på specialundervisningen i skolan återfunnits i lärarutbildningen. Hur man tillrättalägger undervisningen för "svaga elever" har blivit specialpedagogikens uppgift att lösa. Erfarenheten har visat att denna beställning också blivit utförd, i alla fall i den tidigare speciallärarutbildningen (se t.ex. Emanuelsson, Persson och Rosenqvist, 2001).

Figur 1. *Normalfördelning*

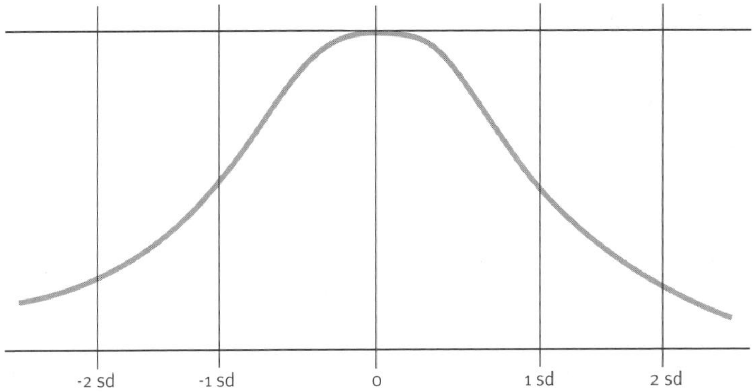

sd=standardavvikelser

Specialpedagogisk grundkompetens

Det är så självklart att det knappast behöver sägas att vi människor är olika varandra i en rad avseenden. Detta kan uttryckas som en normal variation av individers olikheter och beskrivas med hjälp av normalfördelningskurvan eller Gausskurvan.

Vad normalfördelningskurvan beskriver är alltså den normala variationen – det är så här vi fördelar oss när det gäller t.ex. längd, kroppskrafter m.m. Sannolikt gäller det också vår förmåga att lära – den kognitiva förmågan – även om det är betydligt svårare att finna ett tillförlitligt mått på en sådan egenskap. Det är alltså inte *mer normalt* att befinna sig i närheten av kurvans mitt än i dess ytterkanter, däremot är det *vanligare*. Ändå har vi i skolan, liksom för övrigt överallt i samhället, behov av att definiera en gräns för vad som anses som normalt till skillnad från det avvikande. Vi har tidigare tagit del av hur den franske filosofen Michel Foucault såg på relationen mellan normalitet och avvikelse och kanske är det en djupt rotad föreställning om en sådan skiljelinje som ligger bakom behovet av särskiljande lösningar i skolan.

Det traditionella sättet att möta elevers olikheter i lärandemiljön har, som tidigare behandlats, varit specialundervisning. Det är emellertid svårt att finna forskningsresultat som visar att specialundervisning skulle ha avgörande positiva effekter för de elever som fått del av den. Gjessing, Nygaard, Solheim och Aasved (1982) pekar i det s.k. Bergenprojektet på det paradoxala i att specialundervisning för de flesta elever är av mycket begränsad nytta samtidigt som det finns elever som bara kan hjälpas genom den kompetens som specialpedagogiskt stöd av god kvalitet representerar. Författarna skriver:

- Enkelte barn profiterer på spesialundervisning.
- For nokre barn får ikkje spesialundervisninga verknader i det heile.
- Andre barn blir påverka negativt av spesialundervisninga og kan bli skadde av den. (s. 19)

Det problematiska är, menar man, att det inte på förhand går att veta vilka barn som kommer att tillhöra vilken grupp. Detta medför att specialundervisning bedriven skild från annan undervisning måste tillgripas med försiktighet.

I styrdokumenten för förskola och skola uttrycks klart att skolan skall söka motverka att barn får svårigheter. Innehåll, arbetssätt och organisation skall anpassas så att olika elevers individuella behov tillfredsställs. Frågan är emellertid om inte en annan tradition är starkare i den specialpedagogiska vardagen, nämligen att målet skall vara att individen skall anpassa sig till verksamheten i den vanliga klassen. Den "anpassningsbehandling" som eleven då får riskerar att, tvärtemot behandlingens avsedda verkan, ytterligare befästa avvikelsen och fjärma honom från det normala. Stangvik (1993) diskuterar denna specialpedagogiska s.k. effektparadox:

> I en undersøkelse som jeg ledet i Finnmark for noen år siden, studerte vi de strategiene som ble benyttet før å løse problemene til personer med tunge atferdsvansker [beteendestörningar]. Et av funnene var at når problemene øker i omfang økes timetallet til specialundervisning. Dette fører til at eleven føres lenger og lenger vekk fra skolesamfunnet for til slutt – når problemene får en mer kritisk karakter – å kunne overføres til andre instanser. (s. 3)

Stangviks resultat tyder på att det finns en kritisk gräns för när de specialpedagogiska insatserna får oönskade effekter. Konsekvensen av detta blir att beslutet att ge en elev specialpedagogiskt stöd kan få avgörande betydelse för såväl elevens skolgång som hans fortsatta karriär i livet.

I 1999 års lärarutbildningskommittés slutbetänkande (SOU 1999:63) skriver man att det

> ... är en av specialpedagogikens mest angelägna uppgifter att bidra till att personal i skola och förskola kan möta den naturliga variationen av elevers olikheter. Specialpedagogik är i dagens skola ett nödvändigt kompetens- och kunskapsområde i utvecklingen av skolans pedagogiska arbete. Det handlar då om varje individs rättighet att få utbyte

av skolan genom att få delta utifrån sina unika erfarenheter, kunskaper, förutsättningar och behov. (s. 193)

Lärarutbildningskommittén menar att alla lärare skall ha kompetens att organisera arbetet så att hänsyn tas till elevers olika behov av tid, stimulans och stöd. Därför skall den blivande läraren redan i sin grundutbildning utveckla kunskaper för att möta de utmaningar det innebär för att elever i svårigheter (t.ex. p.g.a. funktionshinder eller utvecklingshinder) skall kunna ingå i den vanliga skolans gemenskap. För detta ändamål behövs specialpedagogisk kunskap, vilket emellertid inte innebär att alla lärare skall kunna allt om alla slags hinder utan att alla lärare skall ha förståelse för att funktionshinder av olika slag ryms inom den naturliga variationen av olikheter. Med den utgångspunkten blir det naturligt att läraren, i de fall den egna kompetensen inte räcker, söker stöd från specialpedagoger och andra specialister utan att därmed avhända sig ansvaret för eleven.

Det kan emellertid ifrågasättas om det är riktigt att förstå detta slag av grundläggande lärarkompetens som ”specialpedagogisk”. Det rimliga är snarare att utgå från att lärare tillägnar sig sådana kunskaper i sin utbildning att det blir naturligt att betrakta alla elever som kapabla till fortsatt lärande men från olika utgångspunkter. Därmed skulle prefixet ”special-” bli onödigt för att beskriva kompetensen.

Det förefaller dock som om tiden ännu inte är mogen att befria den vanliga pedagogiken från specialpedagogikens utmaningar, även om det måste vara en målsättning att lärarutbildningen redan i utgångsläget har som ambition att omfatta *alla* barn och unga. Men ett sådant resonemang innebär också utmaningar för det specialpedagogiska kunskapsområdet. Hur förhåller sig specialpedagogiken och dess företrädare och utövare till idén om den inkluderande skolan? Hur mycket finns kvar av det synsätt som utgår från att särskild träning, speciella åtgärder och kategorisering av svårigheter är nödvändiga inslag i den specialpedagogiska verksamheten? Det paradoxala i det här sammanhanget är att specialpedagogiken kan motverka idén om en sammanhållen skola för alla. Man brukar ibland säga att detta är specialpedagogikens tradition – en tradition som byggde på *specialundervisning* som arbetsform. Undervisningen skulle vara speciell, riktas till elever med speciella behov och bedrivas av speciella lärare i speciella rum. Det är lätt att inse svårigheterna med att förena denna tradition med en skola som i princip skulle vara till för alla.

Redan i mitten av 1980-talet beskrevs den här problematiken i boken *Skolans krav – elevernas behov* (Ahlström, Emanuelsson & Wallin, 1986), en bok som dessvärre är väl så aktuell idag som då den skrevs. Författarna beskriver hur skolans uppgifter så som de definieras av statsmakten relateras till elevers individuella behov. När boken skrevs hade vi en centralistiskt styrd skola där tillgången på resurser var god inte minst när det gällde specialundervisningen. Den dåvarande läroplanen för grundskolan, Lgr 80, tonade ned skillnaderna mellan vanlig undervisning och specialundervisning men trots detta bedrevs specialundervisningen oftast i mindre grupper avskilda från den vanliga klassen. Författarna diskuterar vad specialpedagogisk kunskap är och hur den används och kommer fram till att det främst handlar om sådant som pedagogisk och utbildningspolitisk medvetenhet, vilket måste vara vägledande i arbetet med alla barn och ungdomar.

Specialpedagogisk grundkompetens handlar inte i första hand om att ha en uppsättning metoder som är anpassade till olika former av funktionshinder eller störningar. Vissa barn har en diagnos och det ligger inte inom ramen för den vanlige lärarens ansvar att vara förtrogen med de medicinska aspekterna på eller orsakerna till funktionshindret, störningen eller sjukdomen. Vad läraren behöver veta är vilka konsekvenser detta får i gruppen eller klassen, för barnet självt eller kamraterna liksom för planering och genomförande av undervisningen. I den specialpedagogiska grundkompetensen ligger således att kunna förstå och reflektera över de pedagogiska konsekvenserna av elevens svårigheter och veta var stöd och experthjälp kan fås. Detta innefattar också att kunna motivera och argumentera för särskilda stödåtgärder då sådana behövs. Den specialpedagogiska grundkompetens som lärare behöver, oavsett i vilken pedagogisk verksamhet de arbetar, skulle alltså lika väl kunna beskrivas som en ”fördjupad pedagogisk kompetens att möta alla elever”.

Fördjupad specialpedagogisk kompetens i arbetslaget

Arbetslagets betydelse för en god pedagogisk verksamhet har betonats i ett antal statliga utredningar och förslag, bl.a. *Elevens framgång – Skolans ansvar* (Ds 2001:19). I departementsskrivelsen beskrivs arbetslaget som skolans viktigaste samarbetsarena. Man menar vidare att arbetslagets sammansättning och uppslutningen kring dess syfte är av avgörande betydelse och skriver:

> I de tidigare årskurserna är det vanligare att arbeta i lag där flera vuxna delar ansvaret för en elevgrupp. Inom sådana lag finns i allmänhet en högre grad av flexibilitet samt effektivare och bättre anpassade arbetsformer. I de senare årskurserna är denna typ av arbetslag sällsynta. Ämnesorganisationen dominerar under skolåren 7–9. Det är ovanligt att lärare följer med elevgruppen från tidigare till senare skolår.
>
> Expertgruppen menar att de skilda sätten att organisera arbetslaget främst hänger samman med olika pedagogiska synsätt. Den förtroendeklyfta som ofta förekommer mellan de lägre åldrarnas lärare och lärare för år 7–9 har sannolikt dessa olika synsätt som grund. (s. 45–46)

De olika pedagogiska synsätt som expertgruppen lyfter fram som hinder för samarbetet inom och mellan skolformerna får betydande negativa konsekvenser, kanske främst för elever i behov av särskilt stöd. För att arbetslagen skall fungera väl för alla elever krävs att personalen förenas i en grundsyn på barns och ungdomars lärande och utveckling. Ofta handlar problemen om hur man skall kunna nå *alla* barn så att de får optimala möjligheter för sitt lärande. Om någon av arbetslagets medlemmar då har en fördjupad specialpedagogisk kompetens underlättas detta och medför att experthjälp inte blir lika nödvändigt att tillkalla utifrån.

Den 2001 införda lärarutbildning gav möjlighet för den blivande läraren att inom ramen för grundutbildningen läsa specialpedagogik som inriktning och/eller specialisering. Inriktningen mot specialpedagogik avsåg att bidra till att den blivande lärare som så önskar skall kunna utveckla en mer specifik kompetens inom kunskapsområdet. En sådan kompetensprofil ansågs behövas inom samtliga skolformer för att bidra med kunskaper om hur olika faktorer påverkar möjligheterna för individers delaktighet, utveckling och lärande och utgöra en grundstomme i arbetslagets samlade kompetens. Konkret innebär det att en lärare med denna kompetens kan stödja en och utveckla arbetssätt och arbetsformer för att skapa goda lärandemiljöer för alla elever, men också om att utgöra en samtalspartner i frågor om t.ex. förhållningssätt, värderingar och bemötande.

Den lärarutbildning som introducerades 2011 ger inte samma möjlighet till ämnesmässig fördjupning i specialpedagogik. Det är nu varje lärosätes ansvar att förbereda de blivande lärarna på mötet med heterogena grupper och särskilt ge förutsättningar för att klara av arbetet i inkluderande miljöer.

Specialpedagogens kompetens

Som ett ytterligare led i den specialpedagogiska yrkesutbildningen finns påbyggnad till specialpedagog- och speciallärarexamen. Specialpedagogen har en viktig funktion i det pedagogiska arbetet inom alla skolformer och i förskolan. Tillsammans med rektor skall specialpedagogen utgöra en garant för att verksamheten verkligen är till för alla. I ansvaret ligger också att arbeta för att utveckla kvaliteten i det inre arbetet så att en så god lärandemiljö som möjligt kan erbjudas alla barn och unga. Hur specialpedagogens kompetens bäst skall användas beror på den aktuella verksamhetens behov, vilket ställer höga krav på flexibilitet. En viktig uppgift är att vara en kvalificerad samtalspartner och rådgivare, inte enbart för verksamhetens personal utan också för föräldrar. Men specialpedagogen skall också kunna arbeta nära arbetslaget eller enskilda lärare. Det kan då handla om att efter kartläggning och analys bidra till att utveckla arbetsformer och arbetssätt med utgångspunkt i den enskilde elevens behov. För elever i behov av särskilt stöd gäller det också att medverka i den individuella planeringen och upprätta åtgärdsprogram och i vissa fall även genomföra och utvärdera dessa.

När det gäller specialpedagogexamen ändrades skrivningen i augusti 2007. I Högskoleförordningens examensordning, SFS 1993:100, ändrad t.o.m. SFS 2007:638, beskrivs de kunskaper och färdigheter specialpedagogen skall ha på följande sätt:

Mål

För specialpedagogexamen skall studenten visa sådan kunskap och förmåga som krävs för att självständigt arbeta som specialpedagog för barn och elever i behov av särskilt stöd inom förskola, förskoleklass, fritidshem, skola eller vuxenutbildning.

Kunskap och förståelse

För specialpedagogexamen skall studenten

– visa kunskap om områdets vetenskapliga grund och insikt i aktuellt forsknings- och utvecklingsarbete samt kunskap om sambandet mellan vetenskap och beprövad erfarenhet och sambandets betydelse för yrkesutövningen, och

– visa fördjupad kunskap och förståelse inom specialpedagogik.

Färdighet och förmåga

För specialpedagogexamen skall studenten

– visa förmåga att kritiskt och självständigt identifiera, analysera och medverka i förebyggande arbete och i arbetet med att undanröja hinder och svårigheter i olika lärmiljöer,

– visa förmåga att kritiskt och självständigt genomföra pedagogiska utredningar och analysera svårigheter på organisations-, grupp- och individnivå,

– visa förmåga att utforma och delta i arbetet med att genomföra åtgärdsprogram i samverkan med berörda aktörer samt förmåga att stödja barn och elever och utveckla verksamhetens lärmiljöer,

– visa fördjupad förmåga att vara en kvalificerad samtalspartner och rådgivare i pedagogiska frågor för kollegor, föräldrar och andra berörda, och

– visa förmåga att självständigt genomföra uppföljning och utvärdering samt leda utveckling av det pedagogiska arbetet med målet att kunna möta behoven hos alla barn och elever. (SFS 1993:100)

Det är alltså mycket omfattande krav som ställs på specialpedagogens kompetens. Intressant att notera är att den tidigare uppgiften att *aktivt* kunna arbeta med barn, ungdomar och vuxna i behov av stöd har strukits. Det innebär att specialpedagogens uppgift i och med den nya examensordningen inte längre omfattar *undervisning* av elever. Detta ställer emellertid än högre krav på specialpedagogens kompetens och professionella handlag. För att klara ut sitt uppdrag krävs att rektor ger specialpedagogen mandat att arbeta i enlighet med intentionerna. Att specialpedagogen då i sitt arbete kan komma att upplevas som "obekväm" ställer naturligtvis höga krav på integritet och inte minst mod.

Högskoleverkets granskning av specialpedagogprogrammet

År 2005 utvärderades utbildningen av specialpedagoger vid de sex lärosäten som då gav utbildningen (Högskoleverket, 2006). Kritiken var i vissa delar bitande hård och vid två av lärosätena övervägdes indragning av examensrätten om inte de påtalade bristerna rättades till.

Intressant nog nöjde sig HSV inte enbart med att påtala brister i utbildningarnas innehåll och genomförande, utan den allvarligaste kritiken handlade om ämnets berättigande. I sina reflektioner över bedömargruppens rapport skriver verket att "... ämnets ursprung är en teoretisk reflektion över den speciallärarverksamhet som länge bedrivits" (s. 9). Man hävdar att ämnet har svag teoretisk grund liksom en så bristfällig empirisk bas att det knappast ens låter sig definieras. Man skriver vidare att det är tveksamt att anpassa utbildningen av såväl specialpedagoger som lärare efter ett ämne som "... har oklar identitet, svag forskningsbas och ideologiskt innehåll". Utan att djupare penetrera frågan här får det ändå ses som i hög grad märkligt att den ytterst skarpa formuleringen vållat så lite debatt bland ämnets vetenskapliga företrädare i landet.

Just HSV:s kritik åberopas av regeringen i det förslag till en ny speciallärarutbildning som regeringen lade våren 2007. Remissen snabbehandlades och beslut fattades om en ny speciallärarexamen som komplement till den samtidigt förändrade specialpedagogexamen. I enlighet med regeringens förslag riktas utbildningen mot grundskolans tidigare år:

Mål

För speciallärarexamen skall studenten visa sådan kunskap och förmåga som krävs för att självständigt arbeta som speciallärare för barn och elever inom förskoleklass, skola eller vuxenutbildning, som har behov av särskilt stöd i språk-, skriv-, läs- eller matematikutveckling.

Kunskap och förståelse

För speciallärarexamen skall studenten

– visa kunskap om områdets vetenskapliga grund och insikt i aktuellt forsknings- och utvecklingsarbete samt kunskap om sambandet mellan vetenskap och beprövad erfarenhet och sambandets betydelse för yrkesutövningen,

– visa fördjupad kunskap om barns och elevers språk- och begreppsutveckling och stimulans av denna,

och

– visa fördjupad kunskap om elevers lärande och skriv-, läs- eller matematikutveckling samt goda kunskaper om bedömningsfrågor och betygssättning.

Färdighet och förmåga

För speciallärarexamen skall studenten

– visa förmåga att kritiskt och självständigt identifiera, analysera och medverka i förebyggande arbete och i arbetet med att undanröja hinder och svårigheter i olika lärmiljöer,

– visa förmåga att delta i arbetet med att utforma och genomföra åtgärdsprogram för enskilda barn och elever i samverkan med berörda aktörer samt förmåga att stödja barn och elever och utveckla verksamhetens lärmiljöer,

– visa förmåga att vara en kvalificerad samtalspartner och rådgivare i frågor som rör språk-, skriv-, läs- och matematikutveckling,

– visa förmåga att självständigt genomföra uppföljning och utvärdering samt leda utveckling av det pedagogiska arbetet med målet att kunna möta behoven hos alla barn och elever,

– visa förmåga att kritiskt granska och tillämpa metoder för att bedöma barns och elevers språk- och matematikutveckling,

– visa fördjupad förmåga att kritiskt och självständigt genomföra pedagogiska utredningar och analysera svårigheter på individnivå i olika lärmiljöer, och

– visa fördjupad förmåga till ett individanpassat arbetssätt för barn och elever i behov av särskilt stöd. (SFS 1993:100)

Det kan konstateras att den blivande specialläraren kommer att vara utbildad för flera av de uppgifter som specialpedagogen redan har. Kanske hade skolministern för avsikt att helt ersätta specialpedagogexamen med en speciallärarexamen. De båda lärarorganisationerna ställde sig bakom den nya utbildningen. Lärarförbundet hyste vissa tveksamheter medan Lärarnas Riksförbund i sitt remissvar gick så långt att man menade att det nu var dags att helt lägga ned specialpedagogutbildningen. Som framgår av examensbeskrivningarna är de nya speciallärarnas kompetens specifikt inriktad mot språk-, läs-, skriv- och matematiksvårigheter. Därutöver skall även specialläraren ha kompetens att bedriva rådgivande och konsultativt arbete. Som ett led i utredningsarbetet med en ny lärarutbildning föreslogs att de båda utbildningarnas framtid skulle utredas i särskild ordning. Uppdraget gavs åt dåvarande Högskoleverket som avlämnade sin rapport 2012 där man föreslår att specialpedagogutbildningen läggs ned (Högskoleverket, 2012).

Den väg svensk utbildningspolitik slagit in på efter regeringsskiftet 2006 kan beskrivas som en väg bort från den sammanhållna skolan där elever med olika slag av funktionshinder i möjligaste mån skulle undervisas tillsammans med andra elever. Etableringen av nya specialskolor är en åtgärd i den riktningen liksom en förändrad syn på särskolan. I en radiointervju i samband med Särskolans rikskonferens 2007 ger skolminister Björklund klart besked om hur han ser på integreringen av särskolans elever i grundskolan:

> – Det leder ofta till att en sådan här elev, med en mycket grav utvecklingsstörning, visserligen sätts i ett vanligt klassrum med vanliga elever, men blir i verkligheten väldigt ensam, längst bak i klassrummet, och får inte den hjälp och det stöd som man har rätt till. (Sveriges Radio, 28 mars 2007)

Skolministerns språkbruk är nog så intressant men mest anmärkningsvärd är ändå beskrivningen av hur grundskolan fungerar. Om det nu är så att ”en sådan här elev”
– placeras längst bak i klassrummet
– inte får det stöd som han eller hon har rätt till *och*
– blir väldigt ensam

så borde rimligen fokus riktas mot den skola och den pedagogiska personal som låter detta ske. Men budskapet är att skolan är som den är och att de elever som skall gå där får lov att anpassa sig. Om det inte går hänvisas de till andra skolformer.

En ny lärarutbildning – igen

Den lärarutbildning som infördes 2001 var resultatet av en parlamentarisk utredning. Det innebar att företrädare för riksdagens partier deltog i utredningsarbetet, och även om vissa meningsskiljaktigheter fanns, så kunde beslutet fattas utan större problem. Det dröjde dock inte länge förrän kritik började riktas mot den nya utbildningen bl.a. eftersom det var svårt att veta vilka ämneskombinationer studenterna skulle välja. Ett annat problem ansågs ligga i utbildningens struktur. Lärare för de tidigare årskurserna hade ofta en ganska smal ämneskompetens vilket inte överensstämde med skolornas behov.

Inför valet 2006 förutskickade den borgerliga alliansen att man i händelse av en valseger skulle införa en ny lärarutbildning och redan under försommaren 2007 presenterades direktiven till den kommande utredningen. En starkare fokusering på skolans ämnen för de senare årskursernas lärare och en ämnesbreddning för de tidigare årskursernas lärare skrivs fram som de viktigaste innehållsliga förändringarna. Samtidigt ifrågasätts det allmänna utbildningsområdets omfattning (90 högskolepoäng) i den tidigare utbildningen. Med hänvisning till bl.a. HSV:s utvärdering av lärarutbildningarna hävdas att kravnivån var för låg och att innehållet var svårbegripligt för studenterna. I direktiven till utredaren poängteras särskilt en översyn av utbildningens gemensamma delar och man skriver:

> *Utredaren skall särskilt utreda och lämna förslag på*
>
> ...
>
> – vilka lärargemensamma kompetenser, kunskaper och färdigheter som studenterna bör få utöver ämneskunskaper, hur dessa kunskaper och färdigheter förhåller sig till ämnesstudierna, hur utbildningen kan läggas upp och ha en omfattning som ger utrymme för ökade ämnesstudier samt hur en sådan utbildning kan erbjudas även separat till dem som har adekvat ämneskunskap. (Dir. 2007:103, s. 19)

Eftersom ämnesstudierna skulle få ökat utrymme och utbildningen som helhet inte förlängas, blev konsekvensen förkortad tid för de gemensamma delarna. I 2001 års lärarutbildning skall, som vi tidigare behandlat, de blivande lärarna få en specialpedagogisk grundkompetens inom ramen för det allmänna utbildningsområdet. Av direktiven till den nya lärarutbildningsutredningen framgår att specialpedagogiken även framdeles skall ingå i den grundläggande lärarkompetensen:

> För att kunna förverkliga skolans uppdrag behöver lärare inte bara ämneskunskaper. Utbildningen för de flesta inriktningar behöver också

innefatta kunskaper om barns språk- och matematikutveckling. Härvid skall situationen för barn och elever med olika former av inlärnings- och koncentrationssvårigheter uppmärksammas särskilt av utredaren. Samtliga inriktningar av lärarutbildningen skall ge läraren insikt i specialpedagogik. (a.a., s. 17)

I december 2008 överlämnades utredningen om en ny lärarutbildning till regeringen. Utredaren har noga följt utredningsdirektiven och när det gäller den kommande lärarutbildningens specialpedagogiska inslag kan man konstatera att individperspektivet återkommit och nu helt dominerar förståelsen av elevers svårigheter. ”Svaga” elever skall åter specialundervisas ikapp sina mer ”normala” kamrater och lärandemiljöns betydelse förbises i stort sett helt. Därmed negligeras de resultat från både svensk och internationell forskning som behandlats tidigare i boken.

Den lärarutbildning som startade 2011 betonar vikten av att de olika lärarutbildningarna ges åldersadekvat innehåll och att omfattningen av de gemensamma delarna av utbildningen reduceras. Ämnes- och ämnesdidaktiskt innehåll lyfts fram och kan sägas svara mot de krav den förändrade grund- och gymnasieskolan ställer. I grundskolan har stadier och årskurser kommit tillbaka och gymnasiets studieförberedande program blir alltmer teoritunga. Ämnes- och åldersövergripande studier blir mindre vanliga.

En sådan harmonisering kan vid ett första betraktande förefalla relevant och väl genomtänkt. Problemet är emellertid, som tidigare påpekats, att omsättningen av lärare går långsamt i skolorna. En betydande del av de lärare som idag undervisar i förskoleklass och årskurserna 1–6 har en utbildning som daterar sig till den tid då lärarutbildningen ännu inte var en del av universitetssystemet utan tillhörde dåvarande Skolöverstyrelsen. En ny lärarutbildning får med andra ord mycket långsamt genomslag. Vill man få snabbt genomslag för nya reformer skulle sannolikt kompetensutvecklingsinsatser för redan utbildade och nu yrkesverksamma lärare få större effekt, inte minst om sådana insatser genomförs på lokal nivå, i kommuner och skolor.

Det kan slutligen noteras att såväl i regeringens kommittédirektiv som i den utbildningspolitiska debatten väljer skolministern konsekvent att använda begrepp från grundskolans barndom. Det handlar om *speciallärare,* om *årskurs*, *låg-*, *mellan-* och *högstadiet* m.m. Utan tvekan har detta ett signalvärde som, oavsett det är avsiktligt eller ej, för tanken bakåt i tiden – till en idyll där eleverna var lydiga och lärde sig det som läraren undervisade om. Kanske var det också så att den idyllen inte stördes av elever som hade svårt att anpassa sig till sådana krav och förväntningar.

Lärarens arbete och specialpedagogiskt stöd

Differentiering, individualisering och specialpedagogik

> En mulen augustimorgon slog gonggongen och jag började skolan. Årskurs ett. ... Först fick alla gå fram till tavlan och skriva sitt namn. Någon kunde, andra inte. På grundval av detta vetenskapliga test delade fröken in klassen i två grupper som kallades ett och två. I grupp ett hamnade de som klarat provet, de flesta av klassens flickor plus ett par tjänstemannapojkar. I grupp två hamnade resten, däribland jag och Niila. Och fastän man bara var sju år gammal satt stämpeln precis där den skulle. (Niemi, 2000)

Så beskriver Matti sina första erfarenheter från skolan i Mikael Niemis roman *Populärmusik från Vittula* om uppväxtvillkoren i 1960-talets Pajala.

Den skola Matti och hans kamrater började i var grundskolan. En av hörnstenarna i tillkomsten av enhetsskolan, som var grundskolans föregångare, var just enhetligheten och de sammanhållna grupperna. Sannolikt var emellertid inte Mattis upplevelse av nivågruppering unik.

Det var i samband med grundskolans införande som differentieringsfrågan blev problematisk. Den reformering av det svenska skolsystemet som inletts vid mitten av 1940-talet hade, trots eniga skolbeslut i riksdagen, starkt präglats av partiskiljande meningsmotsättningar. Den viktigaste ideologiska skillnaden gällde den organisatoriska differentieringen, dvs. uppdelning på olika studievägar och hur tidigt detta skall ske. Konservativa skolpolitiker hävdade läroverkstraditionens förtjänster och såg realskolans ersättare, högstadiet, som ett hot mot utbildningens kvalitet. I politiskt radikala kretsar däremot framhölls den sammanhållna skolan som ett ideal för framtiden. Isling (1984) menar att skiljelinjen gick mellan å ena sidan ett värnande om eliten som garanti för en fortsatt välståndsutveckling och å andra sidan en skola för alla som förutsättning för främjandet av ett jämlikt och demokratiskt samhälle.

I utbildningspolitiskt hänseende kan tiden från grundskolans införande 1962 sägas ha präglats av idén om en sammanhållen skola för alla. Under 1980-talet avskaffades uppdelningen i allmän och särskild kurs i matematik och engelska och därmed följde alla elever samma läroplan och kursplaner under sina första nio år i skolan. Först i samband med inträdet i gymnasiet erbjöds eleverna olika utbildningsvägar. Denna utbildningsideologiska inriktning gäller i princip fortfarande även om omfattande förändringar i skolans ansvar och styrning ägt rum under 1990-talet. Skolan har blivit en kommunal angelägenhet och den lokala friheten att utforma skolverksamheten är numera relativt stor, dock inom ramen för skollag, skolförordning samt nationella läroplaner och kursplaner.

En förskjutning av målen för utbildningsväsendet från vad Englund (1993) kallar *public good* mot *private good* sammanfattar väl utvecklingen under 1990-talet. I och med decentraliseringen av makten över och i skolan har inflytandet från skolans avnämare ökat. Rigné (1997) menar att detta är en allmän trend i västvärlden och att samhället i hög grad har överlämnat åt föräldrarna att välja utbildning för sina barn. Denna valfrihet är kopplad till kravet på lokal ansvarighet, "accountability", vad avser kostnadseffektivitet och utbildningsresultat. I den näringslivsanpassade skolan är konkurrensen mellan skolor, lärare och elever en viktig drivkraft och tidigare läroplaners betoning av värden som solidaritet och gemenskap har i hög grad ersatts med en betoning av den enskilde individens behov. I samband härmed har frågan rests om denna mål- och ansvarsförskjutning är förenlig med målsättningen *en skola för alla* och om det inte vore bättre att antingen återgå till ett differentierat skolsystem eller till att differentiera hårdare inom skolorna.

I det följande skall vi studera differentieringsproblematiken i den obligatoriska skolan[17] och belysa de målkonflikter det innebär att söka åstadkomma en likvärdig utbildning för alla samtidigt som individers olikheter tillmötesgås.

Organisatorisk och pedagogisk differentiering

Dahllöf (1967) redogör i rapporten *Skoldifferentiering och undervisningsförlopp* för olika sätt att definiera begreppet differentiering. Han avvisar där den modell som framförs i 1957 års skolberedning (SOU 1961:30), där organisatorisk differentiering (som differentiering mellan skolor) och pedagogisk differentiering (som individuellt tillrättalagd undervisning i klassen) betraktas som motsatta synsätt. Dahllöf menar att utbildningens organisation givetvis kan vara mer eller mindre differentierad, men att varje sådan organisationsform kan bli föremål för pedagogisk differentiering.

Resultatet av att omfattningen av den organisatoriska differentieringen i skolan starkt begränsades i samband med att grundskolan under 1960-talet ersatte folkskolan och realskolan blev att i stort sett alla barn skulle undervisas tillsammans i klasserna. Detta ställde lärarna inför utmaningar som man inte var vare sig utbildad för eller hade erfarenhet av. Den stora utmaningen var att trots den stora spridningen i studieförutsättningar, motivation och ambitioner ge alla klassens elever optimala förutsättningar för sitt lärande. För att klara av detta förutsattes att lärarna individualiserade undervis-

---

17 Liksom grundskolan har gymnasieskolan genomgått genomgripande förändringar under senare år. Idag går ca 98 procent av eleverna över till något av gymnasieskolans program direkt efter grundskolan, att jämföra med knappt 10 procent under åren efter kriget. Det kan noteras att av dem som 1996 påbörjade gymnasiestudier var det endast 73 procent som klarade av utbildningen inom fyra år (Skolverket, 2001). Detta kan jämföras med situationen åren efter kriget, då 30 procent kuggades trots att gymnasieeleverna utgjorde en starkt selekterad grupp. Gymnasieskolan kan därmed anses utgöra en "förlängning" av den obligatoriska skolan för de allra flesta även om den inte leder till avsedda mål för en fjärdedel av eleverna.

ningen. Den organisatoriska differentieringen skulle ersättas med pedagogisk differentiering varigenom lärostoff och arbetsformer skulle anpassas till vars och ens individualitet.

Emellertid kvarstod vissa former av organisatorisk differentiering en bra bit in på 1980-talet i form av alternativkurserna i engelska och matematik. Vad som skilde denna typ av differentiering från den tidigare var att eleverna själva valde mellan allmän och särskild kurs. Ahlström och Jonsson (1980) visar emellertid att detta val inte var särskilt fritt utan i hög grad hängde samman med bakgrundsfaktorer hos eleverna som kön och socialgruppstillhörighet liksom tidigare skolprestationer och bedömningar (Emanuelsson & Murray, 1989).

Kravet att anpassa utbildningen till vars och ens förutsättningar innebär att läraren i sin planering utgår från det förhållande att eleverna befinner sig på olika nivåer i en rad avseenden. Idealt sett anpassar läraren innehåll och arbetsformer på ett sådant sätt att varje elevs behov tillgodoses. Emellertid sätter skolans regelverk gränser för hur långt en sådan individualisering kan gå. Kurs- och timplaner är lika för alla vilket innebär att alla elever förväntas uppnå de föreskrivna målen inom samma tidsrymd. Dessutom är skolplikten lika lång för alla, och efter de nio åren i grundskolan skall alla elever ha tillägnat sig sådana kunskaper och färdigheter att de kan klara av att fortsätta studierna i gymnasieskolan.

I betänkandet från 1957 års skolberedning (SOU 1961:30) tar man *i princip* avstånd från alla former av organisatorisk differentiering samtidigt som man menar att det är orealistiskt att helt överge den i grundskolans högre årskurser, vilket man motiverar enligt följande:

> Ett helt odifferentierat högstadium skulle, för att över huvud taget nu kunna genomföras, ställa sådana anspråk på förnyelse av den pedagogiska metodiken, förbättring av lärarnas resurser, förnyelse av lärobokbeståndet och hjälpmedel i övrigt som för närvarande knappast är möjligt att realisera. (s. 291)

I beredningens betänkande jämställs pedagogisk differentiering och individualisering. Just begreppet *individualisering* gavs i den tidigare läroplanen för grundskolan (Lgr 80) en framträdande plats som en metod att organisera arbetet i klassen:

> Individualisering måste så långt det är praktiskt möjligt få prägla arbetet. Det innebär en anpassning av stoffet till olika elever, en intresseindividualisering. Den innebär också att olika elever får olika lång tid för att lära sig något. Ett och samma arbetssätt passar inte alla elever. Också arbetssättet måste individualiseras inom de ramar som kravet på en allsidig träning ger. Det finns inget studiesätt, som är det bästa för alla elever. (Lgr 80, s. 50)

Av den dåvarande läroplanen framgår dessutom att specialpedagogiska åtgärder inte "... får låsas enbart till någon speciell organisationsform, t.ex. särskild undervisningsgrupp och särskild undervisning" (s. 56). Den specialpedagogiska verksamheten skulle alltså inte användas som en organisatorisk differentieringsform utan snarare som en kvalificerad och flexibel resurs i arbetsenheten vari såväl planering av åtgärder för elever i behov av särskilt stöd som undervisning borde ingå.

Man har dock funnit vissa fördelar med organisatorisk differentiering. Urban Dahllöf (1967) fann i sina undersökningar på 1960-talet vissa positiva utbildningseffekter i matematik i homogeniserade grupperingar. Det var emellertid endast i de positivt differentierade klasserna som man fann några fördelar. I de negativt differentierade klasserna kunde vissa negativa effekter konstateras.

Viktigt att poängtera i samband med Dahllöfs undersökningar är att det är kunskaps- och färdighetsutveckling i ämnet matematik som mäts, dvs. det handlar om mätbara prestationsnivåer i ett teoretiskt ämne. Vad Dahllöfs analyser emellertid inte ger besked om är elevernas utveckling inom andra områden som t.ex. har att göra med deras demokratiska fostran. Bland de slutsatser Dahllöf drar är att goda utbildningsresultat i sammanhållna, och därmed heterogena, klasser fordrar en undervisning som är pedagogiskt differentierad men att de allra bästa resultaten fås om en sådan individualiserad undervisning kombineras med organisatorisk differentiering.

Internationella studier av differentiering

I sin numera klassiska studie av effekter av nivågruppering bland skolklasser i New York konstaterar Goldberg, Passow och Justman (1966) att några positiva effekter av "ability-grouping" på elevernas skolprestationer inte kunde påvisas och skriver:

> The only conclusion that may be drawn from this study is that narrowing the range of ability (on the basis of group intelligence tests) per se, without specifically designed variations in program for the several ability levels, does not result in consistently greater academic achievement for any group of pupils. (s. 161)

Författarna noterar dock att elever med svårigheter i "high-ability groups" värderade sig själva lägre än de med svårigheter i "low-ability groups". Detta har att göra med att dessa elever "... were not only forced to recognize their relative inadequacy vis-à-vis their classmates but also tended to perceive the gap between themselves and the most able group as too large to bridge" (s. 163).

Goldberg m.fl. hävdar att den största faran med att särbehandla elever med svaga studieförutsättningar ligger i att läraren sänker ambitionsnivån i sådana grupper:

> The fact that pupils of relatively low ability can achieve quite successfully in classes where expectations are high suggests that teachers generally under-estimate the capabilities of pupils in lower track classes, expect less of them, and consequently the pupils learn less. (s. 165)

I en rapport från OECD (1995) konstateras att utbildningens genomförande, trots likheter i de officiella policyer som de 21 medlemsländernas utbildningssystem vilar på, skiljer sig åt högst väsentligt. Skillnaden är minst under de första sex åren för att sedan bli större. I länder där fastställda kunskapsmål är styrande för utbildningen är det vanligt att homogena grupperingar dominerar:

> In countries where homogenous grouping is the common practice, for example in Austria, Belgium, Germany, the Netherlands and Switzerland, all the children in a class are expected to complete the set syllabus and those not doing so may well have to repeat a year. (s. 26)

Obs!

I vissa medlemsländer finns lagstiftning som förhindrar organisatorisk differentiering, och författarna skriver vidare:

> In some of these countries, in Finland and in Italy, for example, mixed ability grouping in elementary schools is reinforced by legislation to the extent that streaming children of the same age group into classes consisting of different bands of ability is explicitly prohibited. (s. 26)

OECD konstaterar också att de länder vars utbildningssystem präglas av tidig organisatorisk differentiering också använder betydligt fler klassificeringar för att beskriva olika funktionshinder hos eleverna. I Italien t.ex. används endast ett begrepp (exceptional children) medan man i Tyskland, Nederländerna och Schweiz använder tio eller flera begrepp (t.ex. *learning disabilities, language and communication disabilities, psycho-social disabilities, deviant behaviour, emotional disturbance*) för att klassificera elever.

Det land där differentieringsfrågan diskuterats livligast under de senaste decennierna är förmodligen USA. Det decentraliserade amerikanska utbildningssystemet har av tradition varit starkt differentierat, vilket inneburit att separata lösningar för olika grupper av individer vuxit fram. Kanske är det därför lättare att förstå specialpedagogikens starka koppling till skolans differentieringsfrågor mot bakgrund av hur det amerikanska samhället organiserat skola och utbildning. Denna koppling illustreras av Goldman och Gardner (1989):

> The imperative for some form of specialized education for *all* children, not just those with evident learning difficulties, and the desirability of teaching that takes into account an individual's cognitive profile, calls for a radically different approach to education. It no longer makes sense for everyone to learn the same materials in the same way; it is this outmoded approach that explains why so many children were once termed 'ineducable' and are now labelled the essentially equivalent 'learning *dis*-abled. (s. 134)

Vad Goldman och Gardner alltså förespråkar är en anpassad undervisning som når *alla* barn i klassen och där speciell undervisning inte är förbehållen enbart vissa barn. En förutsättning för att detta skall kunna genomföras är ett "mainstream system", dvs. att klasser är heterogent sammansatta.

Differentiering och resursneddragningar

I Sverige liksom i andra länder i västvärlden har skolans resultat under senare år utsatts för intensiv granskning i relation till insatta resurser. Resursneddragningar har inneburit att antalet elever i klasserna ökat, vilket kunnat motiveras med att utbildningsresultat inte nödvändigtvis anses ha något samband med klassens storlek (se t.ex. Skolverket, 1996).[18] Emellertid ökar lärarnas arbetsbörda i takt med stigande elevantal, vilket av och till medfört krav på mer homogena klasser.

Ett effektivt sätt att skapa mer homogena grupper är att definiera en större andel elever som avvikare – störda eller lågbegåvade. Riddell (1997) hävdar att innebörden i begreppen *normalitet* och *avvikelse* riskerar att förändras som en följd av att skolan och dess lärare idag upplever en stark press att visa upp goda resultat. Särskilt drabbar detta barn med socioemotionella problem och beteendestörningar. Riddell skriver att

> ... pupils with SEBD [social, emotional and behavioural difficulties] are likely to have a negative effect on the school's profile since they are likely to be demanding of teacher time but achieve poorly in examinations. (s. 99)

DBS!

18 Wenglinsky (1997) kommer i en omfattande amerikansk studie fram till motsatt resultat, vilket rönt stor uppmärksamhet bland utbildningspolitiker och -sakkunniga i USA. Bland nioåringar fanns ett klart positivt samband mellan små klasstorlekar och prestationer i matematik och ett något svagare motsvarande samband bland trettonåringar. Murray (1998) konstaterar att Wenglinskys resultat fått starkt politiskt genomslag i USA där president Clinton i sitt "state of the union-tal" våren 1988 föreslog en sänkning av klasstorlekarna till högst 18 i årskurserna 1–3. Murray skriver: "I Sverige är – verkar det som – Wenglinskys resultat helt okända" (s. 3).

!!

Det ligger då nära till hands att området för vad som kan betraktas som avvikande vidgas och att det avvikande ses som en individuell egenskap eller som ett resultat av besvärliga familjeförhållanden eller sociala förhållanden i övrigt. Armstrong och Galloway (1995) ser en liknande förskjutning i relationen mellan begreppen *disturbed* och *disruptive*, vilket skulle kunna översättas med *störd* och *störande*, och skriver:

> In labelling behaviour as disturbed rather than disruptive an implicit claim is made about the irrationality of that behaviour and therefore that a child suffering from an emotional disturbance needs specialist treatment that cannot be provided by a mainstream school. (s. 179)

Att förstå elevens problembeteende som ett irrationellt svar på skolans strävan att ge alla samma möjligheter till utbildning, the *divisive discourse* (Fulcher, 1989; Persson, 1997), kan medföra ett hot mot målsättningen om en skola för alla och bidra till segregerande lösningar av olika slag.

Ett ytterligare exempel på hur ett förändrat politiskt klimat kan påverka relationen mellan vad som betraktas som normalt och avvikande skall tas från Danmark. Efter en debatt som initierats av en konservativ ledamot av Folketinget i januari 1996 beslöts att genomföra en undersökning av "... forekomsten av 'urolige elever' i folkeskolen" (Undervisningsministeriet, 1997). Den övergripande frågan var om det inte var dags att föra över elever med beteendeproblem till andra skolformer så att såväl dessa elever som deras "lugnare" kamrater kunde få en bättre skolsituation.

Resultatet av undersökningen, som bygger på enkätdata från 333 danska grundskolor samt intervjuer med personalen vid 34 av dessa, visar att det är en relativt liten andel elever (två procent) som förstör undervisningen för sig själva och andra och att denna andel inte synes ha ökat under senare år. Vidare konstateras att variationen mellan skolorna är mycket stor och författarna skriver:

> Det viser sig her, at elevens køn er den helt overskyggende faktor i forklaringen af grad af uro – drenge er særdeles meget mere urolige end

> piger. Oven i dette, men i langt, langt mindre omfang betyder lærerens alder noget – jo yngre læreren er, des mest uro. Herpå kommer klassetrin – der er mest uro på de yngste klassetrin, hvor man også typisk finder de kvindelige lærere, et forhold der gør at lærernes køn kun spiller en tilsyneladende rolle for graden av uro. Urbaniseringsgraden er næste faktor – jo mere bymæssige omgivelser, des meer uro. (s. 44)

Den danska undersökningen pekar ut tre omständigheter som var och en eller tillsammans utgör de viktigaste bakgrundsfaktorerna till problemen, nämligen familjen, skolans undervisning samt skolans relation till lokalsamhället och dess institutioner (s. 100). Vidare hävdas att problemens komplexitet medför svårigheter att finna enkla lösningar. De skolor som emellertid hade minst problem karakteriserades av att lärarna differentierade sin undervisning i högre grad, dvs. att de försökte anpassa stoff och arbetsformer till elevernas olikheter. Detta var vanligare i små klasser än i stora. Det var alltså inte klasstorleken i sig som avgjorde graden av problem utan lärarens större möjligheter att variera undervisningen i de små klasserna (s. 98).

Differentiering och specialpedagogik

Genom att studera skolan som lärandemiljö med utgångspunkt i begreppen *heterogenitet* och *homogenitet* blir det lättare att förstå motiv som leder till specialpedagogiska insatser. Oavsett om man tar sin utgångspunkt i att elever är olika eller i att undervisningsresultaten har ett samband med elevgruppens sammansättning, kan de specialpedagogiska insatserna förstås som åtgärder vilka har ett differentierande syfte.

Den norske forskaren Peder Haug (1998) menar att specialpedagogiken därvid kan förstås på två sätt, nämligen ur ett *kompensatoriskt perspektiv* eller ett *demokratiskt deltagarperspektiv*. Det förra är knutet till prestation, dvs. det gäller att vidta kompensatoriska åtgärder för att ”lyfta upp barnet till den nivå där andra barn befinner sig inom ett visst område” (s. 15). Detta kräver särbehandling vilket medför att de specialpedagogiska åtgärderna blir organisatoriskt differentierande. Ett demokratiskt deltagarperspektiv innebär däremot att målet inte är att "kompensera tills avvikaren uppträder normalt. I stället ska institutionen avnormalisera det sätt på vilket regler formuleras, genom att visa vilka variationer och behov som finns innanför den. Institutionen ska bemästra heterogenitet och pluralism" (s. 18).

Oakes (1985) har i sina studier visat att organisatorisk differentiering som den tar (eller har tagit) sig uttryck i USA, som "high-track" respektive "low-track" classes, påverkar elevernas självuppfattning. Elever i de positivt differentierade klasserna (high-track) upplever sin skolgång betydligt mer positivt än eleverna i de negativt differentierade klasserna (low-track). Oakes skriver:

> High-track students reported more positive self-perceptions not only in academic areas (e.g. "I'm proud of my schoolwork" and "I'm good at math") but generally as well (e.g. "I'm pretty sure of myself") which seems unrelated to specific school activities. Students in the low-track classes had the most negative views of themselves both academically and generally and the lowest expectations for their educational futures. (s. 143)

Oakes menar att det är tämligen naturligt att självuppfattningen hos de elever som fick möjlighet att gå i positivt differentierade klasser ytterligare stärktes under deras skoltid medan det omvända mönstret gällde för de elever som gick i negativt differentierade klasser.

Intressant att notera är här att Oakes och Goldberg m.fl. (1966) kom fram till delvis motsatta resultat vad avser elevernas självuppfattning i relation till grupptillhörighet. Det kan inte uteslutas att det förhållandet att det skiljer 20 år mellan undersökningarna har betydelse för resultaten.

Slavin (1991) har gått igenom internationell forskning på området från början av 1960-talet till slutet av 1980-talet och skriver:

> Despite the widespread use of between-class ability grouping, and despite evidence that teachers overwhelmingly believe in its necessity and effectiveness ... research on this strategy does not support its use.

> Researchers have found that while ability grouping may have slight benefits for students assigned to high-track classes, these benefits are balanced by slight losses for students assigned to low-track classes. (s. 283)

Forskningen stödjer alltså inte uppfattningen att utbildningsresultaten blir bättre i homogena elevgrupper.

Utveckling och dokumentation

Informationsutbytet mellan hem och skola – utvecklingssamtal

Oavsett klassens eller gruppens sammansättning krävs att informations- och erfarenhetsutbytet mellan hem och skola fungerar väl. I samband med att man 1994 begränsade betygsättningen i grundskolan till att omfatta enbart de två sista årskurserna, blev s.k. utvecklingssamtal ett obligatoriskt inslag för informationsutbytet mellan skola och hem.

Utvecklingssamtalet skall vara just ett utvecklande och framtidsinriktat samtal. Det är viktigt att alla parter är väl förberedda och att samtalet bygger på ömsesidigt förtroende. Det är också väsentligt att det inte enbart är prestationer i skolans ämnen som avhandlas utan att elevens sociala utveckling får stort utrymme. Utvecklingssamtalet utgår vidare från skolans ansvar för elevens utveckling och framgång. Det innebär t.ex. att en elev med utländsk härkomst enligt Förvaltningslagen vid behov bör få tillgång till tolk.

Åtgärdsprogram

Begreppet *åtgärdsprogram* används för att beteckna den dokumentation och planering som görs för elever i behov av särskilt stöd. I ett par decennier har det funnits bestämmelser i Skollagen om åtgärdsprogram för grundskolan, specialskolan och sameskolan. Sedan årsskiftet 2000/2001 skall åtgärdsprogram upprättas för elever som riskerar att inte nå målen oavsett skolform.

Första gången begreppet åtgärdsprogram förekommer i skolsammanhang är i utredningen om skolans inre arbete, SIA (SOU 1974:53). Redan tidigare fanns olika slag av planer avsedda att användas som stöd i arbetet med elever som hade svårigheter i skolarbetet. Dessa intog emellertid ett snävt individfokus och målet var att eleven genom färdighetsträning skulle kunna ”botas” för att därefter kunna återgå till den reguljära undervisningen. Detta synsätt kritiserades av SIA som i stället menade att orsakerna till elevens svårigheter borde sökas i undervisningsmiljön. Det var inte elevens brister som skulle åtgärdas eller kompenseras i första hand – snarare var det skolans verksamhet som skulle åtgärdas och utvecklas så att den kunde utgöra en stimulerande lärandemiljö för eleven. Man talade om att elevens problematik skulle ses i ett helhetsperspektiv, vilket innebar att det inte enbart handlade om åtgärder relaterade till eleven själv. Skolans undervisning med dess arbetsformer och arbetssätt, men även relationerna i gruppen, borde utsättas för granskning. Det gällde också att genomlysa skolans hela arbetsorganisation, den pedagogiska personalens kunskapssyn och värderingar liksom behov av insatser för att stärka personalens kompetens. Åtgärderna skulle således beskriva vad som erfordrades på såväl individnivå som på grupp- och organisationsnivå. Viktigt var att eleven själv och föräldrarna skulle ta aktiv del i utarbetandet av åtgärdsprogrammet.

Det var emellertid inte förrän 1995 som kravet på att åtgärdsprogram skulle upprättas för elever i behov av särskilt stöd skrevs in i Grundskoleförordningen. Detta var en följd av den förändrade styrningen av skolan som innebar att verksamheten skulle inriktas mot i förväg uppställda mål. Sedan 1 juli 2000 har skyldigheten att upprätta åtgärdsprogram sålunda varit reglerad i förordningstexterna. Detta innebär att det för varje elev som anses behöva stödåtgärder skall finnas ett åtgärdsprogram.

I en kartläggning av användningen av åtgärdsprogram i grundskolan konstaterar Andréasson och Persson (Skolverket, 2003) att de åtgärder som föreslås oftast är inriktade på träning av de brister som eleven uppvisar och att det är specialpedagogen som ansvarar för att initiera, upprätta och följa upp åtgärdsprogrammen. Detta medför att skolan i en del fall lyckas reducera elevens problem men sällan kommer till rätta med faktorer i elevens lärandemiljö som kan ha bidragit till att svårigheter uppstått. Ett av skälen till att beskrivning och analys av elevens problem stannar på individnivå är sannolikt att skolpersonalen inte sällan saknar en tradition i att granska kollegornas arbete. Det krävs dessutom mycket av mod för att ifrågasätta sina arbetskamraters arbete, vilket säkert kan medverka till en viss återhållsamhet. Ett annat skäl är att det är tidskrävande att genomföra en genomgripande analys på grupp- och skolnivå vilken berör inte bara den aktuella eleven, utan gäller för alla elever i undervisningsgruppen och skolan som helhet.

Individuella utvecklingsplaner

Första gången begreppet "individuell utvecklingsplan" nämns i en offentlig text i Sverige var som tidigare nämnts i departementsskrivelsen *Elevens framgång – skolans ansvar* (Ds 2001:19). En av expertgruppens slutsatser var att om individuella planer är bra för elever i olika slag av svårigheter, så borde de vara bra också för alla barn i skolan. Vidare säger man att det inte räcker med att dokumentera på elevnivå utan att denna dokumentation måste kombineras med dokumenterad planering på arbetslagsnivå. Med start i januari 2006 skall samtliga elever i grundskolan nu ha en individuell utvecklingsplan. I skollagens 13 § kan man läsa:

> Vid utvecklingssamtalet ska läraren i en skriftlig individuell utvecklingsplan
>
> 1. ge omdömen om elevens kunskapsutveckling i förhållande till kunskapskraven i de ämnen som eleven får undervisning i, och
>
> 2. sammanfatta vilka insatser som behövs för att eleven ska nå kunskapskraven och i övrigt utvecklas så långt som möjligt inom ramen för läroplanen.
>
> Den individuella utvecklingsplanen får även innehålla omdömen om elevens utveckling i övrigt inom ramen för läroplanen, om rektorn beslutar det. Överenskommelser mellan läraren, eleven och elevens vårdnadshavare vid utvecklingssamtalet ska alltid dokumenteras i utvecklingsplanen. Rektorn beslutar om utformningen av sådan skriftlig information som ges i utvecklingsplanen. (SFS 2010:800)

Vad som skiljer utvecklingsplanen från 2011 från de tidigare är att den numera skall ge information om elevernas kunskapsutveckling och därmed kunna ha karaktären av betyg.

De allt starkare kraven på dokumentation av elevers utveckling och prestationer harmonierar väl med den mål- och resultatstyrning som infördes i svensk utbildning i början av 1990-talet. Målstyrningen förutsätter utvärdering och för att detta skall vara möjligt måste det finnas något att utvärdera mot. Verksamheten måste alltså kunna dokumenteras. Man skulle således kunna tala om ett slags dubbel argumentation för dokumentation i skolan: dels handlar det om att följa elevens utveckling, dels handlar det om att dokumentera själva verksamheten. Wennbo (2005) hävdar att problem uppstår då den individuella dokumentationen aggregeras till systemnivå, dvs. används som ett mått på verksamhetens kvalitet. Det gäller enligt Wennbo att skilja på elevplaner som instrument för elevens bästa och dokumentation för att beskriva verksamhetens förutsättningar, aktiviteter och resultat.

Men det finns även andra faktorer som kan mana till eftertanke när det gäller elevplaner av olika slag. Billington (2002) hävdar t.ex. att det gäller att vara medveten om texten som maktfaktor. En textuell beskrivning av en elev innebär alltid någon form av reduktion, dvs. eleven reduceras i värsta fall till en kategorisering byggd på individuella egenskaper, beteenden eller prestationer. Texten kommuniceras med en läsare som utifrån sin egen förförståelse skapar sig en bild av ett förväntat beteende. I värsta fall kan alltså en förstärkning av den textuella beskrivningen leda till negativa förväntningar. Detta ställer således stora kompetenskrav på författarna av elevplaner.

Sammanfattningsvis kan vi konstatera att utvecklingen i den svenska skolan under senare år gått i riktning mot en alltmer uttalad ambition att dokumentera elevernas utveckling. Denna ambition har ett välgrundat positivt syfte och allmänt sett får det ses som önskvärt att verksamhet dokumenteras på olika sätt. Vad bl.a. Andréasson och Persson (Skolverket, 2003) visat är att detta slag av planer i huvudsak riktas mot elevernas utveckling i skolan och i ringa omfattning handlar om lärarnas arbete eller skolan som institutionell verksamhet. Den planering som lärare skriver ned betraktas enligt lagstiftningen som arbetsmaterial och blir därför inte tillgänglig för offentligheten. Elevdokumentation i form av åtgärdsprogram och individuella utvecklingsplaner däremot är att betrakta som offentlig handling och därmed tillgänglig för var och en som kan ha intresse av att ta del av dem. Detta ställer stora professionella krav på dem som har som uppgift att ansvara för att detta slag av dokumentation inte riskerar att bli till men för eleven senare i livet.

Individuellt eller kollektivt arbete?

Om vi problematiserar ordet "individuell" i utvecklingsplanen kan vi konstatera att det finns en självmotsägelse i en alltför stark fokusering på ordet "individuell" i planen som har att göra med relationen mellan det individuella och kollektiva arbetet i klassrummet.

Klassrummet utgör en social miljö där lärande förutsätts äga rum. Det är också skolans (eller utbildningssystemets) uppgift att välja visst innehåll och utelämna annat. Samtidigt är det så att skolan inte direkt utbildar för ett givet yrke (som t.ex. under skråväsendets epok) utan för ett vuxenliv där det kan förutsättas att man byter yrke ett antal gånger. Vad är det då för kunskaper som blir viktiga? Om man studerar några på måfå valda platsannonser är det några egenskaper hos de tilltänkta sökandena som återkommer nästan oavsett vilken anställning det gäller. *Samarbetsförmåga*, *initiativkraft* och *förmåga att skapa engagemang* är exempel på sådana önskvärda egenskaper. Men i skolan finns inga sådana ämnen. Snarare förutsätts att undervisningen och lärandemiljön planeras och arrangeras så att eleverna kan bygga upp sådan kompetens.

Det är i det här sammanhanget som det blir viktigt hur den individuella planeringen förstås. Skolverket (1999a) konstaterar i kvalitetsgranskningen av verksamheten för elever i behov av särskilt stöd att *individuellt arbete* i hög grad präglade skolarbetet i de besökta skolorna. Man skriver:

Många skolor har, särskilt i de tidiga skolåren, infört "eget arbete" eller blockläsande som bygger på goda idéer om elevens självständiga planering och arbete med läraren som mentor. Eget arbete innebär också att interaktionen i klassrummet förändras. Eleverna får möjlighet att arbeta på olika nivåer i sin egen takt och får visst inflytande samtidigt som de får ta ansvar för sitt arbete. Vårt intryck är emellertid att eleven ofta "hänger i luften" och inte vet vilket ansvar han/hon skall ta och att lärarna inte vet hur de skall stödja eleven. Det finns en uppenbar risk med arbetsformen "eget arbete" att man i alltför hög grad använder självinstruerande, färdigproducerat material, ofta självrättande med ren färdighetsträning. Utrymmet för gemensamma diskussioner minskar, om en stor del av skoldagen ägnas åt eget arbete.

...

Alltför många lektioner bedrivs ... i passiviserande arbetsformer, där elever står i kö långa tider för att få en stämpel i sina arbetsböcker, "flyter runt" och löser uppgifter i sina arbetsböcker eller sitter med samma uppgifter fast vid datorn utan reflektion över innehåll eller mening. (s. 70)

Särskilt viktigt är det att de elever som har svårigheter i skolarbetet ges möjlighet till diskussioner och samarbete med andra elever och sina lärare. Tyvärr har olika studier visat att dessa elever ägnade sig åt isolerad färdighetsträning i högre grad än andra. Vanligt var att specialläraren arbetade med en liten grupp elever och med basfärdighetsträning i syfte att befästa det allra nödvändigaste hos eleven. Vidare handlade det om att få eleven att "komma i kapp de andra", vilket ytterligare motiverade just sådan träning. Solity (1992) varnar för en alltför ensidig koncentration på sådan basfärdighetsträning och skriver:

Children need to engage in a variety of activities to indicate that they have learned successfully. It is not sufficient for young children to demonstrate that tasks can be performed accurately, or remembered over time. They have to learn to generalize their knowledge and apply it to real-life problems and situations. They also require opportunities to work independently and co-operatively with peers. When given a balanced range of learning experiences, children who have difficulties neither require nor will benefit from high levels of direct pupil-teacher contact time. (s. 48)

Solity pekar här på en paradox som handlar om att som lärare se till att varje elev åtminstone lär sig det mest elementära, samtidigt som detta kan leda till att samma elev fjärmas från den sociala gemenskapen med andra. Risken är också stor att den isolerade färdighetsträningen leder till att eleven, naturligtvis utan att det är avsikten, berövas möjligheten att generalisera sina kunskaper och lära sig att diskutera på en metanivå. En klok avvägning mellan träning av basala färdigheter och möjlighet för eleverna att tillägna sig mer generella kunskaper blir då ett lika nödvändigt som utmanande inslag i lärararbetet.

Mål, kunskapskrav och att lyckas utifrån sina förutsättningar

Under senare år har fokuseringen på basfärdigheter accentuerats i samband med att betyget E, dvs. *Godkänd,* krävts i ett större antal ämnen än tidigare för att bli behörig för studier på gymnasieskolans nationella program. I olika sammanhang har det diskuterats om man verkligen kan underkänna elever i en skola där skolplikt gäller. Alla barn och ungdomar har skyldighet att infinna sig i skolan och skolan skall, som vi tidigare sett, enligt skollagen "... syfta till att barn och elever ska inhämta och utveckla kunskaper och värden. Den ska främja alla barns och elevers utveckling och lärande samt en livslång lust att lära" (SFS 2010:800).

När en ny läroplan för det obligatoriska skolväsendet infördes 1994 fick vi ett annat system för bedömning av elevernas kunskaper. I grundskolan angav Mål att uppnå den kunskapsnivå som eleverna skulle klara av för att uppfylla skolans krav i de olika ämnena. Dessa målnivåer låg sedan till grund för betygskriterier för bl.a. betyget Godkänd i årskurs åtta och nio.

Det nya var nu att en elev trots stora ansträngningar riskerade att *inte bli godkänd*, vilket bröt med den tradition som etablerades vid grundskolans införande 30 år tidigare. Då sågs det inte som etiskt försvarbart att underkänna elever i en skola som var obligatorisk och där eleverna representerade hela variationen av medfödda egenskaper. När denna princip övergavs när ett nytt mål- och betygssystem infördes 1994 fördes diskussioner om rimligheten av att elever vars teoretiska begåvning var svag skulle bli underkända. I betygsberedningens betänkande (SOU 1992:86) förutsågs detta och man för där ett resonemang om att det kommer att finnas elever som "trots egna ansträngningar och individuellt stöd, ändå inte kommer att kunna få betyget G". För att dessa elever ändå inte skulle bli underkända beslöts att inget betyg alls skulle ges om inte gränsen för Godkänd nåddes.

När ett nytt betygssystem infördes 2011 fördes ingen sådan principiell diskussion. Det var snarare så att det förutsattes att risken att bli underkänd skulle utgöra en sporre för eleverna att ta i lite extra. Därför föreslogs i direktiven till den nya betygsutredningen att två betyg för underkänd[19] skulle sättas:

> Arbetsgruppen skall utreda och föreslå hur en sjugradig skala med fem godkända steg kan formuleras. Arbetsgruppen skall beskriva för- och nackdelar med att tillämpa den sjugradiga skalan för varje skolform utifrån skolformens karaktär, mål och syfte. I detta sammanhang bör t.ex. övervägas huruvida det är lämpligt att använda två underkända steg i grundskolans slutbetyg. (Utbildningsdepartementet, 2007a, s. 7)

Nu blev det inte två betygssteg för underkänd, utan ett. Men övertygelsen om att ett fingraderat betygssystem skulle medföra att eleverna anstränger sig extra återfinns i propositionen året efter:

> Genom att det finns fler betygssteg mellan högsta och lägsta betyg för godkända resultat, bedömer regeringen att den nya betygsskalan kommer att uppmuntra elever att anstränga sig extra eftersom fler elever har möjlighet att nå närmast högre betygssteg. (Prop. 2008/09:87)

19 Då direktiven blev kända cirkulerade ryktet att de två stegen skulle benämnas Underkänd och Väl underkänd. Så blev alltså inte fallet.

Vi kan alltså notera frånvaron av en ideologisk diskussionen liknande den som fördes på 1990-talet när det nya betygssystemet infördes 2011. Inte heller forskarvärlden förefaller ha reagerat, vilket var fallet då Lpo 94 infördes. I en kritisk artikel skrev då professor emeritus Ingemar Emanuelsson:

> Självklart är det så, att den som trots optimala ansträngningar i sitt skolarbete ändå inte har faktiska möjligheter att bli godkänd inte heller kan känna sig delaktig och betydelsefull. Det är svårt att tänka sig att hon/han i en sådan situation skall kunna uppleva stimulans till fortsatt lärande och kompetensutveckling, när resultatet av nedlagt arbete aldrig duger – eller än värre ges betyg på att hon/han inte duger. Har vi som samhällsmedborgare verkligen råd att avhända oss deras kompetens genom att på så sätt faktiskt motverka deras lärande och utveckling? Det borde snarare vara normalt att vara godkänd, eftersom alla duger till fortsatt lärande, vilket är mycket viktigare än vid en viss tidpunkt uppnådd nivå – konstruerad som lika för alla – i det ena eller det andra ämnesområdet. (Emanuelsson, 2000, s. 27)

Emanuelsson pekar här på en viktig punkt, nämligen *konstruktionen av en godkändgräns*. Just denna gräns är avgörande i diskussionen om måluppfyllelse. När mål eller kunskapskrav omformuleras som kriterier för ett visst betygssteg blir gränsen mellan vad som är godkänt och vad som är underkänt absolut. Den centrala frågan är då på vilka grunder och med vilka referenser en sådan gräns artikuleras. Krävs det att man är normalbegåvad för att nå målen eller förutsätts målen kunna nås även av elever med svagare begåvning? Eller är det så att begåvningsnivåer är irrelevanta i sammanhanget och att utgångspunkten är att ”du kan bara du vill”? I förarbetena till 1994 års läroplan för grundskolan angavs vad godkändgränsen stod för, nämligen den nivå som krävdes ”för att kunna förstå, fungera och verka i vårt samhälle samt för att kunna orientera sig i omvärlden” (SOU 1992:86, s. 67). Någon motsvarande förklaring finns inte i kursplanerna till 2011 års läroplaner.

Gränsen för vad som kan anses som godkänt får således betraktas som tämligen godtycklig. Samtidigt har just denna gräns blivit ett av den svenska skolans viktigaste rättesnören. Den starka fokuseringen på måluppfyllelse medför att kunskapens kvalitativa och kreativa dimensioner reduceras till mätbara kvantiteter, vilka sedan aggregeras till skol- och kommunnivå. Jämförelsetalen ligger till grund för kvalitetsbedömning, rangordning och belöning, vilket medför en risk för ökad segregation och minskad likvärdighet. Betyget Godkänd är också *behörighetsgräns för gymnasiestudier*, vilket förstärker vikten av att bli just godkänd. På så sätt har en ganska godtycklig konstruktion blivit det kanske viktigaste att sträva mot i den svenska skolan.

Det ligger bortom syftet med denna bok att argumentera för eller mot betyg eller andra liknande bedömningar av elevers arbete. Sannolikt finns goda skäl att ge eleverna sammanfattande omdömen av det arbete de lägger ned i skolan. Sådana omdömen kan dock ges utan att en gräns för Godkänd finns definierad. Om elevers utveckling i relation till mål att sträva mot i stället utgör grunden för sådana omdömen finns större möjligheter att ge alla elever en utbildning i harmoni med läroplanens övergripande mål.

Problemet med att betygsätta begåvningar är att den är vad den är och kan inte förbättras. Man kan dock utvärdera ansträngning och förbättring i skolarbetet!

Var finns behoven?

Elevens behov av stöd

Resultat från bl.a. SPEKO-projektet (se kapitel 4) visar att det främst är två kriterier som lärare pekar ut som avgörande för huruvida en elev skall få specialpedagogiskt stöd eller inte, nämligen allmänna inlärningsproblem och socioemotionella problem. Inlärningsproblem är ofta relaterade till låg begåvning, vilket medför att eleven i vissa situationer är oförmögen att uppfylla de krav skolan ställer. Socioemotionella problem är en sammanfattning av ett vitt spektrum av störningar, som främst tar sig uttryck som stökighet i klassrummet men som inte behöver vara direkt kopplade till socialgruppstillhörighet, även om det ofta är så. Också detta kan ses som svårigheter att motsvara de krav skolan ställer.

I genomsnitt var sjätte elev i varje årskull i grundskolan får något slag av specialpedagogiskt stöd. Omfattningen är störst när det gäller barn i 11–12-årsåldern, för att minska under de senare årskurserna. Inte oväntat visar sig begåvningsnivån ha starkast samband med förekomst av specialpedagogiskt stöd av de bakgrundsvariabler som analyserats i SPEKO-studien. De statistiska analyserna visade emellertid att mindre än 20 procent av variansen i förekomsten av specialpedagogiskt stöd kunde förklaras av bakgrundsfaktorer som begåvning, kön och socialgrupp (Persson, 1998a, s. 33). Detta innebär att de tyngsta skälen till att vissa elever får specialpedagogiskt stöd får sökas i diskrepansen mellan vad skolan kräver och hur dessa elever svarar mot skolans krav.

Till liknande resultat kom Skaalvik (1998).[20] I en studie genomförd bland drygt 2 000 elever i 129 skolklasser i Sør- och Nordtrøndelag i Norge fann man att

20 I England har sedan 1970-talet ”one-in-five” utgjort riktmärke för uppskattning av specialpedagogiska behov i den obligatoriska skolan. I en statlig utredning (the Warnock Report) skriver man: ”The planning of services for children and

... behovet etter skolenes vurdering ligger i overkant av 20 % av elevene; det betyr at hver 5. elev vurderes å trenge spesiell tilrettelegging, med eller uten utredning om enkeltvedtak. Jeg er tilbøyelig til å tolke dette som et antall som er framprovosert av mangel på tilpassing i den vanlige undervisningen. Jo mindre den vanlige undervisningen differensieres, desto større føles behovet av særskilte tiltak for enkelte elever. (s. 3)

Enkelt uttryckt kan skolans problem sägas ligga i att den inte förmår möta och ta tillvara den naturliga variationen av olikheter hos eleverna i undervisningen. Specialpedagogiskt stöd i form av speciellt tillrättalagd undervisning har då fått i uppgift att lösa de svåraste differentieringsproblemen genom att "ta hand om" de i relation till övriga elever svagaste i klassen. Den traditionella specialundervisningen har därmed fått en organisatoriskt differentierande funktion som komplement till och ibland ersättning för den pedagogiska differentieringen. Det problematiska är att skolan och lärarna därvid definierar en alltför stor andel elever i behov av specialpedagogiskt stöd, vilket medför att de elever som har mycket uttalade svårigheter berövas stöd av en omfattning som de skulle behöva och också bör ha rätt till. Eftersom de "svaga" eleverna upplevs av lärarna som problematiska, och det är dessa elevers *relativa* position i klassen som i hög grad avgör deras behov av stöd, måste problemen analyseras och förstås som en i grunden allmänpedagogisk fråga.

Som tidigare nämnts pekade Hans-Jørgen Gjessing redan tidigt på 1980-talet på specialundervisningens oroande stora omfattning. Det paradoxala är enligt Gjessing att specialundervisning för många elever är av liten nytta, och ibland t.o.m. skadlig, samtidigt som det finns elever som bara kan hjälpas genom den kompetens som specialpedagogiskt stöd av god kvalitet representerar. Skaalvik (1998) hävdar att just denna paradox bidragit till att specialpedagogiken fått oförtjänt dåligt rykte beroende på att

---

young people should be based on the assumption that about one in six children at any time, and up to one in five children at some time during their school career, will require som form of special education provision" (Department of Education and Science, 1978, s. 41).

"... alt for mange elever definieres til å ha spesialpedagogiske problemer, og at den økende bevisstheten om dette kan resultere i at den spesialundervisningen vi trænger kommer i miskredit og ikke får tilstrekkelig utviklingsmulighet" (s. 16). Specialpedagogiska åtgärder bör alltså ses som ett kvalificerat komplement till skolans allmänpedagogiska verksamhet och användas där den allmänpedagogiska kompetensen inte är tillräcklig.

Ett viktigt resultat av SPEKO-studien är insikten att skolan har svårt att kompensera för socialgruppsrelaterade skillnader i samhället och att specialpedagogiska resurser i begränsad omfattning används för att råda bot på sådan ojämlikhet. Resultat från studien visar att skillnaderna i prestationer mellan klasser och skolor är betydande medan motsvarande skillnader i fördelning av specialpedagogiskt stöd är mer måttliga.[21]

Detta tar sig uttryck på såväl individ- som klassnivå. Elever från hem med låg socioekonomisk status har svårt att hävda sig i skolan och detta förstärks om eleven går i en klass med låg genomsnittlig socioekonomisk status. På samma sätt har skolan svårt att med hjälp av specialpedagogiska insatser tillgodose behoven av särskilt stöd till elever med problem relaterade till låg begåvning. Det faktum att fördelningen av stödresurser är relativt jämn mellan klasser och skolor är snarare ett uttryck för ett allmänt differentieringsbehov än för riktat stöd till elever med uttalade svårigheter.

Lärarens och arbetslagets behov av stöd

I den nationella kvalitetsgranskningen 1998 konstateras att bedömningar bland skolans personal när det gäller hur stor andel av

21 Homogeniteten inom en grupp kan beskrivas med hjälp av begreppet intraklasskorrelation, som utgör ett mått på huruvida skillnader går att hänföra till olikheter mellan de klasser där observationerna gjorts. I SPEKO-studien visade det sig att prestationskoefficienten hade ett drygt tre gånger så högt värde som koefficienten för tilldelning av specialpedagogiskt stöd. En rimlig slutsats av detta är då att stödet egentligen är ganska måttligt relaterat till faktiska svårigheter i skolans ämnen.

eleverna som skulle behöva särskilt stöd varierar högst avsevärt. Variationen mellan skolorna var mycket stor och inspektörerna skriver:

> Bedömningar av hur många elever som är i behov av särskilt stöd har inte gjorts systematiskt, men skolorna har ofta spontant uppgivit siffror som ligger mellan 10 och 40 procent. Några skolor i invandrartäta områden menar att så många som 75 procent eller att alla elever är i behov av särskilt stöd. (Skolverket, 1999a, s. 64)

De intervjuades bedömningar är intressanta i sig samtidigt som de återspeglar specialpedagogikens problem. När övergår "normala" behov till att bli "särskilda" behov? Att det mångkulturella klassrummet medför pedagogiska utmaningar som kräver hög lärarkompetens är otvivelaktigt. Men handlar det om problem som förutsätter specialpedagogiska åtgärder? Är det inte snarare en pedagogisk kompetens som kan tillgodose de särskilda krav som är förenade med den kulturella och etniska mångfalden som är särskilt behövd? Därmed övergår den individuella problematiken – dvs. elevens behov – till att också bli skolans och lärarnas behov.

Som vi således kunnat konstatera är frågan om huruvida en elev skall bli föremål för specialpedagogiska åtgärder eller ej i liten utsträckning en fråga som kan förklaras med hjälp av olika bakgrundsvariabler på individnivå. Detta innebär att i huvudsak andra orsaker ligger bakom urvalet till de särskilda stödåtgärderna. Det förefaller därmed sannolikt att det är klassrumsrelaterade företeelser, t.ex. interaktionen lärare–elev eller elev–elev, som är avgörande. Här ligger förmodligen den viktigaste förklaringen till att stödresurser är så förhållandevis jämnt fördelade mellan klasserna. Elevers olikheter och därmed behovet av differentiering medför att vissa elever anses behöva speciell undervisning. Detta förefaller gälla i varje enskilt klassrum, på de villkor som gäller i detta "unika" sammanhang. Det är således heterogeniteten i klasserna, och därmed lärarens svårigheter att tillgodose alla elever i undervisningssituationen, som anses nödvändiggöra specialpedagogiska insatser. Denna problematik finns i alla klasser eller grupperingar och i stort sett oberoende av förhållandena i övrigt.

Problemet synes ha två lösningar. En lösning skulle kunna vara att göra klasserna (eller t.o.m. skolorna) mer homogena genom nivågruppering. Eftersom detta emellertid strider mot en sedan 1960-talet väl förankrad svensk utbildningspolitik är det knappast en politiskt acceptabel lösning. Från pedagogisk synpunkt är den dessutom i hög grad tveksam (se kapitel 6). En rimligare lösning är då att differentieringen planeras in i undervisning och stoffurval. Detta ställer naturligtvis stora krav på läraren och arbetslaget och förutsätter specialpedagogiskt stöd av mer kvalificerat slag än den traditionella specialundervisningen. Men det handlar också om en förmåga och beredvillighet att analysera den situation där problemet uppstår. Detta innebär att det som upplevs som störande och avvikande inte direkt betraktas som ett specialistärende, dvs. att det överlämnas till någon annan för åtgärd. Traditionellt har det i hög grad varit en uppgift för den traditionella specialundervisningen att tjäna som mottagare av sådana ”uppdrag”.

Som vi tidigare behandlat behövs specialpedagogisk kunskap på flera nivåer i lärandemiljöerna. Rektor har här en nyckelposition. Där rektor ger arbetslagen mandat att förfoga över resurser på sådant sätt att man kan utnyttja kompetensen där den bäst behövs, gynnas kvaliteten. Detta kräver att arbetslagen förmår analysera de komplexa orsakssambanden bakom elevers svårigheter och att specialpedagogens kompetens också finns att tillgå. Det nära samarbetet i arbetslaget bygger på tillit till och förtroende för varandra och den kompetens var och en besitter. Inte sällan har specialpedagoger mötts av misstänksamhet när deras analys visar att det kan vara faktorer i undervisningen som medverkar till att vissa elever får svårigheter, vilket även internationell forskning visat. Galloway och Goodwin (1987) skriver:

> It is one thing for an educational psychologist, or in Sheffield for a support teacher, to identify cognitive, personality, perceptual or family factors which contribute to the child's special educational needs. It is quite another to identify weaknesses in teaching method and classroom or school organisation or management. This could imply that the teacher,

> or headteacher has special educational needs, not the child! More than one educational psychologist has found him or herself persona non grata in a school for doing just this. (s. 127)

Det är alltså uppenbart att ”en skola för alla” ställer stora krav på lärarna att anpassa innehåll och undervisningsmetoder till elevernas olikheter. Att denna pedagogiska differentiering kan förefalla svårgenomförbar i stora klasser är naturligt, vilket då ofta innebär att läraren sätter samman grupper av elever med i vissa avseenden likartade förutsättningar att tillägna sig undervisningen. Gränsen mellan vad som är att betrakta som å ena sidan *pedagogisk differentiering* och å andra sidan *organisatorisk differentiering* blir därmed flytande.

Behovet av en vidgad allmänpedagogisk kompetens

Det förefaller alltså som om specialpedagogiken, organiserad och använd som traditionell specialundervisning, är en komponent i skolans pedagogiska differentiering som i sin tur nödvändiggjorts genom avskaffandet av andra former av organisatorisk differentiering under 1960- och 70-talen. Under benämningen specialundervisning försiggår verksamheter som i många fall kan ifrågasättas ur ”en skola för alla-perspektiv” och som för pedagoger i allmänhet utgör en ny utmaning. *Behov av särskilt stöd* är ett i grunden pedagogiskt problem och bör därför lösas av pedagoger och specialpedagoger tillsammans. Detta ställer uppenbara krav på alla delar av utbildningsväsendet och inte minst på lärarutbildningen.

En rimlig lösning blir då att skapa förutsättningar för den vanliga klassläraren att tillsammans med sitt arbetslag i huvudsak själv klara av den naturliga variationen i olikheter. Detta kräver dock att ”en skola för alla” får genomslag inte bara i retoriken utan även i den praktiska verksamheten. Haug (1996) hävdar att idén om en skola för alla aldrig fått egentligt genomslag och menar dessutom att uppdelningen i pedagogik och specialpedagogik bidrar till segregerande lösningar i skolan. Lärarutbildningarna blir då nyckelinstitutioner för en förändring och ett motstånd mot krafter som vill bidra till exkludering av avvikare från den vanliga skolan. Haug menar att de blivande lärarna måste lära sig att hantera de stundom massiva angreppen mot idén om en skola för alla och besitta tillräckliga insikter och kunskaper för att argumentera och verka *mot* segregerande lösningar på skolans problem. Haug skriver vidare:

> Det andre feltet lærarutdanninga må vere sterk på for å realisere skulen for alle, er ei generell skolering i pedagogisk arbeid med *alle* barn, teoretisk og praktisk. Det er ei utfordring til eit utvida pedagogikkfag, sterkt supplert med bidrag frå dagens spesialpedagogikk. Det har ingen meining lenger å skilje mellom pedagogikk og spesialpedagogikk på dette nivået. (s. 10)

Haugs slutsatser torde vara giltiga även i Sverige. Ansvariga för lärarutbildningarna har ägnat påfallande liten uppmärksamhet åt de utmaningar och krav som Skollagens starka skrivning om en likvärdig utbildning för alla innebär. Ett viktigt skäl till detta är lärarutbildningens traditionellt starka fokusering på ämnes- och ämnesdidaktisk kunskap. Det har stundom förefallit som om kunskapen varit starkt begränsad vad gäller elevgruppernas heterogenitet bland lärarutbildare inom dessa områden.

Strävan efter en sammanhållen skola

Den engelske forskaren Stephen Ball ägnade sig under några år i slutet av 1970-talet åt att observera verksamheten i en engelsk grundskola i syfte att studera konsekvenser av olika slag av grupperingar (Ball, 1981). Studien genomfördes under en tid då det traditionellt segregerade brittiska skolväsendet starkt ifrågasattes och då ”utopian romantic idealists”[22] av främst ideologiska skäl förordade en sammanhållen grundskola för alla. Balls studier visar emellertid att avskaffandet av den tidigare organisatoriska differentieringen inte fått de önskade effekterna främst beroende på skolans dominerande inriktning mot mätbara prestationer. Ball skriver:

---

22 Uttrycket myntades av Sharp och Green (1976).

> Thus, it would seem that so long as schooling continues to be seen by teachers as a stage of preparation for what succeeds it, and achieved ability is the single, and narrowly-defined, criterion for success in school, then the pupils' experience of education will inevitably be one of competition within a rigid hierarchy of rewards and esteem. (s. 289)

I ett prestationsinriktat system kommer det alltid att finnas såväl vinnare som förlorare oberoende av om systemet bygger på organisatorisk differentiering eller ej. För förlorarna riskerar skolan att bli meningslös och/eller hämmande eftersom den blir en plats för upprepade misslyckanden:

> Schools are not autonomous and neutral institutions, and education is not simply a universal good, as much of the rhetoric surrounding comprehensive education and mixed-ability grouping appears to assume. (a.a., s. 289)

Balls slutsatser innebär inte ett ställningstagande *för eller emot* sammanhållna klasser. Hans analyser visar snarare att skolans problem egentligen inte är av organisatorisk art, och alltså inte heller kan lösas med hjälp av en förändrad organisation. Det handlar i stället om de normer, värderingar och ideologier som explicit eller implicit styr verksamheten i skolan och som är mer eller mindre okända för lärare och elever. Det är först sedan dessa synliggjorts, analyserats och ifrågasatts som grundidén bakom den sammanhållna skolan framträder och eventuellt blir möjlig att realisera.

De nuvarande läroplanernas och kursplanernas mål med tillhörande betygskriterier har förstärkt de individuella och mätbara prestationernas betydelse som måttstock på framgång i skolan. Detta skulle, med hänvisning till Balls resultat, kunna utgöra ett hot mot idén om en sammanhållen grundskola för alla och medföra krav på en återgång till ett system med parallella utbildningsvägar. I någon mån kan man också hävda att den ökande andelen fristående skolor i landet motsvarar en önskan om en återgång till ett parallellskolesystem med avgörande konsekvenser för elever som får svårigheter eller "behov av särskilt stöd".

Resursanvändning och resursfördelning

Vi har tidigare kunnat konstatera att fördelningen av resurser för specialpedagogiska insatser i många fall sker slentrianmässigt och ofta utan att en genomlysning av faktiska behov i olika skolor och klasser genomförts. Konsekvensen blir att elever i skolor som i olika avseenden har sämre förutsättningar än andra, beroende på bl.a. bostadsområdenas struktur och olika demografiska faktorer i upptagningsområdena, inte får det stöd som de borde ha rätt till.

I det här sammanhanget kan det vara intressant att notera att den svenska välfärdsstatens förändring mot att bli ett mer segregerat samhälle präglat av marknadsideal uppmärksammats även i internationell press. I ett nummer av TIME från 2001 med titeln *A class apart – A segregated school raises questions about the limits of Swedish liberalism* beskrivs de ökande skillnaderna mellan svenska grundskolor. Ett exempel tas från västra Sverige där elever från en medelklassort går sina sista tre grundskoleår i en skola som har 85 procent invandrarelever. Här bildar dessa elever egna klasser och TIME skriver:

> The gritty, multiethnic environment into which the Olofstorp students are delivered bears little resemblance to their pristine, predominantly Swedish village. But their interactions at Hjällboskolan are comfortingly familiar. The Olofstorp children remain together for most of their course of study, in core subjects like history and Swedish, and mix with other students only for secondary subjects like athletics. (Labi, 2001)

Ett skäl till denna ”segregerande integration” är enligt rektorn vid skolan att de svenska eleverna – om de inte erbjuds en monokulturell miljö – i stället väljer en fristående skola. Tjugo procent av eleverna från Olofstorp har redan valt denna lösning. Exemplet visar på hur svårt det kan vara – trots de bästa politiska intentioner – att skapa skolmiljöer där den etniska mångfalden ses som en resurs och inte som en belastning.

Mehan (1992) har i ett antal undersökningar studerat motiven för benämningen av vissa elever som ”intellectually handicapped” eller "learning disabled" och därmed också deras bedömda behov av specialpedagogiska åtgärder. Han konstaterar att individuella egenskaper visserligen har betydelse men att faktorer som skolans organisation och traditioner, antalet elever i klasserna och klasslärarnas krav på avskiljning av vissa elever betyder mer. Mehan skriver:

> The influence of practical circumstances such as these suggests that the place to look for educational handicaps is in the institutional arrangements of the school – not in the characteristics of individual children. (s. 15)

Specialpedagogisk verksamhet är således enbart delvis ett svar på vissa elevers behov av särskilt stöd; den har också funktionen att uppfylla skolans behov av sortering och avskiljning. Detta ger legitimitet åt sådana åtgärder genom att ge dem positivt laddade benämningar som "hjälp", "stöd" och liknande.

Godkända kunskaper och användning av resurser

Liksom under slutet av 1950-talet har frågan om utbildningens betydelse för nationellt välstånd ånyo fått en framträdande plats på den politiska agendan. 1960-talets krav på en grundläggande och hög medborgerlig kompetens ledde bl.a. till den s.k. back-to-basic-rörelsen och utbildningsprogram som t.ex. Head Start i USA (Mortimore, 1997). Den obligatoriska skolan skulle ansvara för att medborgarna fick de baskunskaper som ansågs nödvändiga för att klara av ett alltmer komplicerat samhällsliv. Nationella utvärderingar i USA av dessa satsningar gav dock nedslående resultat. Det var svårt att finna några positiva effekter, åtminstone på kort sikt.

Drygt 40 år senare kan vi notera en liknande accentuering av kraven på skolan; *Standards* i USA, *attainment targets* i England och *kunskapskrav* i Sverige är uttryck för samhällets krav på utbildningsväsendet att ge eleverna vissa nationellt definierade minimikunskaper. Det problematiska med detta är att ett sådant system inte beaktar individers olikheter. När dessutom dessa nivåer skall uppnås under samma tidsrymd uppstår naturligtvis problem. De barn och ungdomar som av olika skäl har svårt att uppnå de föreskrivna målen erbjuds olika slag av särlösningar (t.ex. placering i grundsärskolan) och icke-godkända resultat i grundskolans basämnen medför att studier på gymnasieskolans nationella program inte är möjliga att genomgå.

Olika sätt att lösa problem av det här slaget har prövats. En fråga som ofta lyfts fram i detta sammanhang är vilken betydelse klassernas storlek har i relation till elevernas skolprestationer. En allmänt förekommande föreställning bland lärare är därvid att undervisningsresultaten blir bättre i mindre klasser, en uppfattning som oftast inte delats av skolforskare. Mortimore (1997) och Krueger (1998) har emellertid i det s.k. STAR-projektet[23] visat på ett positivt samband mellan små klasser och goda prestationer i läsning och matematik. I genomsnitt presterade eleverna i de små klasserna 4,6 percentilpoäng bättre resultat än eleverna i de stora klasserna. Det bör dock noteras att spridningen var stor; för två tredjedelar av eleverna var det positivt (från prestationssynpunkt) att gå i en liten klass medan detta var negativt för en tredjedel. Vidare gynnades elever från lägre socialgrupper och etniska minoriteter mest av att tillhöra en liten klass.

Det ur ett specialpedagogiskt perspektiv kanske mest intressanta resultatet från Mortimores och Kruegers analyser nämns emellertid endast i förbigående. I ungefär en tredjedel av de undersökta klasserna fanns en hjälplärare (teaching aide), vilket inte medförde någon högre prestationsnivå. Krueger skriver: ”In most grades, students assigned to classes with a full-time teacher's aide perform about as well, or only slightly better, than students assigned to regular size classes without a full-time aide” (s. 14). Trots att det således fanns två vuxna i klassrummet under de flesta lektioner, märktes inga förbättringar i elevernas prestationer i basämnena.

---

23 I STAR-projektet (Student-Teacher Achievement Ratio) deltog 11 600 elever i 80 skolor i Tennessee i en experimentellt upplagd studie där avsikten var att studera samband mellan klasstorlek och elevprestationer. Resultaten från studien har inneburit att övre gränsen för antalet elever i årskursernas klasser i staten Tennessee numera är 20 elever.

Kompetensen hos hjälplärarna var begränsad och Krueger skriver: "The teacher aide was not very well trained. They tended to be high school graduates. In the classroom, the teacher aide mainly helped students one-on-one, or performed administrative tasks (e.g., escorting students to the nurse)." Resultaten från STAR-projektet visar alltså att fler vuxna i klassrummet inte behöver innebära att eleverna *presterar* bättre, vilket dock inte utesluter att elever och lärare får en bättre arbetssituation.

STAR-projektets resultat är problematiska att hantera när skolan får mindre resurser. Bl.a. Skolverket har i ett antal rapporter visat att det främst är elever med olika former av problem i skolan som drabbats hårdast till följd av kommunernas försämrade ekonomi. Hur skall skolans resurser fördelas för att dessa elevers behov skall tillfredsställas? En sänkning av elevmedeltalet i klasserna blir mycket kostsam samtidigt som förväntningarna om positiva effekter riskerar att inte infrias. Mortimore drar slutsatsen att det är i "effective schools" som man förmår dra fördel av mindre klasstorlekar och betonar vikten av en hög kompetensnivå hos skolans personal med spetskompetens inom de mest svårbemästrade och utmanande områdena "... ensuring that appropriate expertise to help schools facing difficulties is made available" (s. 484).

I detta perspektiv får specialpedagogiken en central roll, inte i sin traditionella funktion som specialundervisning utan i det förebyggande pedagogiska arbetet. Resultaten från de i kapitel 4 presenterade undersökningarna ger inte stöd för att en utökad satsning på specialundervisning skulle kunna bidra till att lösa skolans problem. Snarare är det så att det är svårt att identifiera några positiva effekter av den kraftiga satsningen på olika former av specialundervisning under 1960-, 70- och 80-talen. Även norsk forskning kommer till samma slutsatser och Skårbrevik (1996) skriver att om vi

> ... framleis høyrer rop frå skolen om meir resursar til extra hjelpetiltak, så er dette nok en indikasjon på att vi nok ikkje løyser problema i skolen med meir spesialpedagogikk. Vi treng nok betre spesialpedagogikk for di som treng slik hjelp, men kanskje først og fremst treng vi nok å

rette søkelyset på spørsmålet om differensiering og tilpassa oplæring og korleis dette skal gjennomførast for elevar innafor skolen sine ordinære resursrammer. (s. 64)

Specialpedagogisk kompetens är ett nödvändigt inslag i de ordinarie arbetslagens och arbetsenheternas arbete och det är väsentligt att sådan kompetens får större spridning än vad som är fallet idag. Det är också så att det kommer att finnas elever som av olika skäl behöver en individuellt anpassad undervisning av lärare med fördjupade specialpedagogiska kunskaper. Lika viktigt är emellertid att specialpedagogisk kunskap används så att undervisnings- och lärandemiljöer i de vanliga klasserna får en hög kvalitet.

Ett relationellt perspektiv

Skola och utbildning är i sig motsägelsefulla verksamheter. Samtidigt som skolan skall vara likvärdig och målen lika för alla skall den vara öppen för och stödja mångfald och variation. Å ena sidan är vi människor lika varandra i en rad avseenden, vilket motiverar att vi är tillsammans. Å andra sidan är vi olika varandra, vilket också motiverar att vi lever tillsammans för att ta del av de erfarenheter som variation och mångfald kan ge. När så skolan skall ge en likvärdig utbildning där individers olikheter motiverar att utbildningen anpassas till individuella förutsättningar, uppstår inte oväntat problem. Detta är en klassisk problematik inom pedagogiken och således inte enbart en specialpedagogisk angelägenhet. Ofta har detta uttryckts som en diskrepans mellan *formuleringsarenan* och *realiseringsarenan*. Skollag, förordningar och läroplaner uttrycker samhällets intentioner och ambitioner med skolan men säger inget om hur intentionerna skall realiseras. Inte sällan har detta på fältet upplevts som att målen är utopiska och omöjliga att nå. Ett sätt att finna lösningar på detta dilemma har varit att erbjuda specialundervisning till vissa elever, vilket ofta inneburit avsteg från läroplanen. Dessa elever har därmed fått en egen ”inofficiell läroplan” anpassad till vad de bedömts kunna klara av.

Specialpedagogiken har således tagit på sig uppgiften att söka överbrygga vad som upplevts som gapet mellan samhällets intentioner och praktikens möjligheter. I liten utsträckning har denna fråga ägnats något egentligt intresse – något som inte är unikt för Sverige.

Peder Haug (1999) menar att man i Norge har sökt olika lösningar på problemet. Från början försökte man att differentiera så mycket som möjligt för att skapa så homogena grupper som möjligt. Detta avlöstes av motsatsen, dvs. mer av sammanhållna klasser och mindre homogenisering. Idag har vi en situation som rymmer ett stort mått av motsägelse, nämligen individualisering inom de sammanhållna klasserna. Haug skriver:

> Dette kan tyde at ein her er inne på eit dilemma som ikkje har noko løysing, og som ein kontinuerlig må streve med og leite etter nye utvegar på. Det mest typiske for den norske versjonen av arbeidet med dette dilemmaet er at ein har arbeidd langt meir med å finne ideologiane for utvegane, enn korleis desse skal gjennomførast i det praktiske arbeidet. (s. 213)

Haugs beskrivning har sin giltighet även i Sverige. Pedagogisk forskning och utvecklingsarbete har i liten utsträckning fokuserat problemet med att genomföra en skola för alla i praktiken. I sin forskningsöversikt över det specialpedagogiska området skriver Emanuelsson, Persson och Rosenqvist (2001):

> Utbildningspolitisk forskning borde här kopplas till klassrumsforskning för att möjliggöra analys av intentionernas implementation. Uppgiften för en skola för alla är att skapa förutsättningar för att alla elever skall kunna känna samvaro och deltagande, kunna samarbeta och dessutom få utbyte av att vara i skolan. Vi vet i liten utsträckning huruvida skolan har lyckats med dessa fundamentala uppgifter, i synnerhet när det gäller elever i svårigheter av olika slag. (s. 137)

Vi har tidigare kunnat konstatera att specialpedagogisk verksamhet i grundskolan i praktiken utgör en del i skolans allmänna differentieringssträvan och att elevurvalet till specialundervisning dels kortsiktigt baseras på en akut problembild och dels diagnosrelaterade och individbundna svårigheter hos eleven. De åtgärder som traditionellt använts för att komma till rätta med problemen är specialundervisning antingen i klassen eller i speciella grupperingar.

Med detta som stöd finns det skäl att argumentera för en modell som bygger på att specialpedagogisk verksamhet bör ses *relationellt*, dvs. i interaktion med övrig pedagogisk verksamhet i skolan. I ett sådant perspektiv blir det viktigt vad som sker i *förhållandet, samspelet* eller *interaktionen* mellan olika aktörer. Förståelsegrunden för handlandet står alltså inte att finna i en enskild individs uppträdande eller beteende. Men ett relationellt perspektiv innebär dessutom att elevens förutsättningar i olika avseenden också ses relationellt, dvs. förändringar i elevens omgivning förutsätts kunna påverka hans eller hennes förutsättningar att uppfylla vissa på förhand uppställda krav eller mål.

Tabell 8. *Konsekvenserna för skolans specialpedagogiska verksamhet beroende på perspektivval.*

	Relationellt perspektiv	Kategoriskt perspektiv
Uppfattning av pedagogisk kompetens	Förmåga att anpassa undervisning och stoff till skilda förutsättningar för lärande hos eleverna	Ämnesspecifik och undervisningscentrerad
Uppfattning av specialpedagogisk kompetens	Kvalificerad hjälp att planera in differentiering i undervisning och stoff	Kvalificerad hjälp direkt relaterad till elevers uppvisade svårigheter
Orsaker till specialpedagogiska behov	Elever i svårigheter. Svårigheter uppstår i mötet med olika företeelser i uppväxt- och utbildningsmiljön	Elever med svårigheter. Svårigheter är antingen medfödda eller på annat sätt individbundna
Tidsperspektiv	Långsiktighet	Kortsiktighet
Fokus för specialpedagogiska åtgärder	Elev, lärare och lärandemiljö	Eleven
Förläggning av ansvaret för specialpedagogisk verksamhet	Arbetsenheter (-lag) och lärare med aktivt stöd från rektor	Speciallärare, specialpedagoger och elevvårdspersonal

Mot ett sådant relationellt perspektiv kan ställas ett kategoriskt perspektiv[24] varvid en elevs svårigheter reduceras till en effekt av t.ex. låg begåvning eller svåra hemförhållanden.

De två perspektiven och deras konsekvenser inom sex pedagogiska huvudområden illustreras i tabellen ovan.

De två perspektiven utgör radikalt olika sätt att förstå elevers skolsvårigheter men behöver för den skull inte vara varandra uteslutande. Perspektiven skall förstås som "idealtyper"[25], dvs. mentala konstruktioner avsedda att påvisa skillnader mellan de fenomen som beskrivs "idealtypiskt" och verkligheten (eller andra idealtypiska fenomen). Idealtypen är således inte en objektivt förefintlig företeelse utan ett slags verktyg med vars hjälp en del av verkligheten bättre kan förstås.

Under senare tid har Nilholm (2005) gjort ett försök att sammanfatta och föra diskussionen om specialpedagogikens olika inriktningar och perspektiv vidare. Han diskuterar rimligheten i särskiljandet av de två perspektiven men menar ändå att en avgränsning dem emellan är funktionell samtidigt som ett tredje kompletterande perspektiv behövs.[26] Skälet därtill är att utbildningssystem i sig är motsägelsefulla där företeelser och situationer kan karakteriseras

---

24 Begreppet "kategorisk" kan ha en negativ konnotation i betydelsen "doktrinär, dogmatisk". Det är viktigt att framhålla att det inte är i denna betydelse begreppet används utan snarare i meningen "obetingad, absolut, ovillkorlig".

25 Idealtyper har beskrivits av bl.a. Rorty (1989) och Weber (1904/1949). Weber skriver "[An ideal type] ... is formed by the one-sided accentuation of one or more points of view and by the synthesis of a great many diffuse, discrete, more or less present and occasionally absent concrete individual phenomena, which are arranged accordning to those one-sidedly emphasized viewpoints into a unified analytical construct. ... In its conceptual purity, this mental construct ... cannot be found empirically anywhere in reality. It is a utopia" (s. 90).

26 I enlighet med resonemanget ovan är det inte meningsfullt att lägga till komponenter i en idealtypologi. De båda använda perspektiven är just ytterligheter varemellan teoretiskt sett ett oändligt antal perspektiv kan rymmas. Ramen begränsas enbart av de polära perspektiven.

som dilemman och där motstridiga krav och förväntningar bidrar till deras olöslighet.

Nilholm lanserar därför ett tredje perspektiv, dilemmaperspektivet, som han menar bättre sammanfattar den problematik som är förknippad med det specialpedagogiska fältet. Redan på 1980-talet beskrevs emellertid det specialpedagogiska verksamhetsfältet i termer av dilemman där analyser av de motsättningar som är inbyggda i specialpedagogikens arbetsområde är centrala. Nilholm skriver att den praktiknära förståelsen av specialpedagogiken "... öppnar för nya utmaningar, där formerna för samtalet blir viktiga eftersom vi inte längre kan förutsätta auktoritativa uttalanden inom ramen för endast ett perspektiv" (Nilholm, 2005, s. 136).

Dilemmaspåret öppnar således enligt Nilholm upp för en vidare definition än de tidigare, samtidigt som specialpedagogiken därmed fjärmas från det praktiknära för att i stället bli en arena för etiska diskussioner där svårigheten att erbjuda en skola för alla blir central. Frågan är om en sådan definitionsvidgning har något att bidra med i den specialpedagogiska praktiken.

Det långsiktiga arbetets problematik

Den specialpedagogiska verksamhetens tradition återfinns inom det kategoriska perspektivet och det finns skäl att anta att detta perspektiv dominerar även idag. En rimlig fråga att ställa sig är då varför förskjutningen mot ett relationellt perspektiv på specialpedagogisk verksamhet går så långsamt. Stora ansträngningar har onekligen gjorts för att förändra såväl grundläggande lärarutbildning som specialpedagogisk påbyggnadsutbildning i en sådan riktning. Ett svar på denna fråga står sannolikt att finna i tidsaspekten. Specialpedagogisk verksamhet svarar i stor utsträckning mot mer eller mindre akuta problem i skolan. Socioemotionella störningar hos eleverna anses vara ett växande problem och i en resursknapp organisation får ofta sådana problem förtur. Förstås specialpedagogisk verksamhet ur ett kategoriskt perspektiv legitimeras sådana åtgärder utan att försök att lösa problemen på längre sikt och i bredare omfattning kan genomföras.

Förstår man däremot specialpedagogisk verksamhet ur ett relationellt perspektiv blir tidsaspekten än mer viktig, särskilt i utvecklings- och processmening. Här handlar det om långsiktiga lösningar som involverar alla lärare och som ofta kräver att den enskilda skolan som system behöver genomlysas. Ett förändringsarbete av sådan karaktär tar tid och svarar inte främst mot problem här och nu. Det är då inte svårt att föreställa sig de svårigheter som uppstår om man underlåter att vidta åtgärder för att lösa akuta problem med motiveringen att det förändringsarbete som påbörjats kommer att ta tid. Specialpedagogiskt arbete kan således bli svårt att motivera med utgångspunkt i ett relationellt perspektiv. De upplevda problemen kräver lösningar omgående och de långsiktiga konsekvenserna av kortsiktiga åtgärder tas inte i beaktande.

Konsekvensen blir att skolan övergångsvis bör tillåta de båda perspektiven att verka parallellt och att strävan inte skall vara att konsensus alltid skall råda kring vilken lösning som är den bästa. Snarare kan motsatta sätt att uppfatta den egna verksamheten bidra till en vidare utveckling av fruktbara dialoger. Väsentligt blir emellertid att arbetet med att knyta den specialpedagogiska verksamheten närmare den vanliga undervisningen intensifieras. Dessutom är det nödvändigt att uppföljning och utvärderande analys av de specialpedagogiska insatserna blir naturliga inslag i skolans ordinarie verksamhet. Härigenom kan konsekvenserna av perspektivvalet tydliggöras varvid det kategoriska perspektivets begränsningar blir uppenbara.

Man kan förstå en del av de inkonsekvenser som präglar skolans inre arbete om man studerar utbildningspolitiska intentioner så som de uttryckts i efterkrigstidens politiska retorik. Man ser då att, även om läroplaner avlöst varandra sedan 1960-talet, förändringar i undervisningens metoder och innehåll i många fall har varit små. Kommunernas egenkontroll av verksamheten har också konstaterats vara bristfällig och det är få kommuner i landet som på ett systematiskt sätt följer upp och utvärderar arbetet i skolorna (Utbildningsdepartementet, 1998). Detta har föranlett regeringen att genom de sedan 2003 pågående utbildningsinspektionerna stärka statens insyn i och kontroll över skolan.

Specialpedagogikens framtid

Vi har i den här boken diskuterat hur specialpedagogiken växer fram i den svenska skolan för att lösa differentieringsproblematiken, dvs. hur undervisningen och skolans verksamhet i stort kan anpassas för att möta alla elevers behov. Vi har också sett hur två paradigmatiska ytterligheter, det kategoriska respektive det relationella perspektivet, innebär radikalt olika sätt att förstå det som vanligtvis benämns skolsvårigheter. Det relationella perspektivet fick ett uppsving under 1990-talet då utbildningen av specialpedagoger startade och då analysen av elevers svårigheter i första hand skulle ta sin utgångspunkt i lärandemiljön. Sedan 2006 har individperspektivet i allt högre utsträckning kommit att betonas inte minst som en följd av att olika slag av diagnostiseringar blivit allt vanligare som grund för specialpedagogiska insatser.

I Finland har, som tidigare behandlats, andelen elever som bedöms behöva specialpedagogiskt stöd ökat under senare år, vilket inte anses vara förenligt med ett inkluderande skolsystem. Ström (2013) skriver:

> Vidare ville skolmyndigheterna skapa ett enhetligt system genom att luckra upp gränserna mellan allmänundervisning och specialundervisning. Ett led i denna riktning var att avskaffa sådan terminologi (överföring till specialundervisning) som förde tankarna till två parallella utbildningssystem (allmänundervisning för elevmajoriteten och specialundervisning för minoriteten). Även termen special (specialundervisning, specialelev) fick ge vika för begreppet stöd och stödform. (s. 35)

Vad som alltså skett i Finland är att specialpedagogiken kommit att integreras i den vanliga pedagogiken och att man i möjligaste mån undviker att tala om en särskild pedagogik för speciella elever.

I Norge har liknande diskussioner förts under ett antal år. Fasting, Sarromaa Hausstätter och Turmo (2011) menar att den ökande diagnostiken har medfört att själva diagnosen inte enbart utgör en beskrivning av elevens problem utan att den främst utgör elevens identitet. Man *är* dyslektiker, autist eller aspergare. Författarna oroas av den här utvecklingen och förordar en nedtoning av de individspecifika inslagen i den specialpedagogiska verksamheten. I en omfattande utredning om specialpedagogikens framtid 2009 föreslogs t.ex. att begreppet "spesialpedagogikk" skulle utgå och ersättas med det mer allmänna "tilpasset opplæring".

Även i Danmark är ambitionen att minska andelen elever som får specialpedagogiskt stöd, i synnerhet i segregerande former. En lag från 2012 stipulerar att alla elever som tidigare fått specialundervisning upp till 12 lektioner i veckan successivt skall slussas ut i de vanliga klasserna. Sammanlagt handlar det om knappt 50 000 barn som därmed "inkluderas" i skolans ordinarie varksamhet.

Även utanför Norden förs en liknande debatt. I t.ex. Storbritannien talar man om Additional Learning Needs (ALN) som är ett betydligt vidare begrepp än Special Educational Needs.

> The term 'Special Educational Needs' is a sub category of ALN and continues to be used for those learners who have a learning difficulty which calls for special educational provision to be made for them. (Governors Wales, 2009)

Specialpedagogiska behov har då den elev som har svårigheter med sitt lärande som en konsekvens av t.ex. utvecklingsstörning.

Specialpedagogik och specialpedagogisk verksamhet är, som jag försökt visa i den här boken, problematiska i relation till allmän pedagogik och pedagogisk verksamhet i utbildningssystemet som helhet. Ett viktigt skäl till detta är att specialpedagogiken betraktats som ett rationellt och okritiskt berättigat svar på den vanliga pedagogikens tillkortakommanden. Eftersom åtgärderna således inriktats mot hjälp till individer som i något avseende avviker från det som bedöms normalt, har den av bl.a. etiska, filantropiska och fördelningsmässiga skäl i hög grad undgått kritik och ifrågasättanden. Syftet har ju varit gott, vilket bidragit till att försvåra analysen av såväl själva verksamheten som dess resultat och inte minst dess politiska och normativa dimensioner.

När det gäller utvecklingen av specialpedagogiken som kunskaps- och verksamhetsområde har mycket hänt under senare tid. Det är inte fruktbart att ställa samma frågor idag som tidigare eftersom utbildningsväsendet genomgått genomgripande förändringar under efterkrigstiden och särskilt under det senaste decenniet. I början av seklet var utbildning ett privilegium och specialundervisning en ynnest för dem som behövde hjälp. Industrialismens intåg i Sverige och dess krav på grundläggande kunskaper och färdigheter hos medborgarna innebar att allmän utbildning blev en rättighet, liksom specialundervisning. Idag har skolan fått en annorlunda roll i samhället samtidigt som vi talar om det livslånga lärandet som en nödvändighet och en naturlig komponent i arbetslivet. Vad kommer specialpedagogiken att ha för roll i en sådan utveckling och vilka krav har man rätt att ställa på specialpedagogisk forskning och verksamhet i framtiden?

Under senare år har ett stort antal beslut fattats som får genomgripande betydelse för hur svensk skola skall gestaltas framöver. Det handlar om en ny skollag, ny lärarutbildning, nytt mål- och betygssystem, ny läroplan, ny gymnasieutbildning och en ny myndighetsstruktur på utbildningsområdet. Efter en period av tämligen begränsad reformintensitet förefaller det rimligt att uppdatera skolan så att den speglar samhällsutvecklingen. Vad som emellertid är bekymmersamt är reformernas avsaknad av såväl vetenskapligt perspektiv som historisk kunskap. Detta innebär att vi riskerar att få tillbaka en svensk skola som i hög grad missgynnar de elever som har de sämsta förutsättningarna för studier.

Samtidigt står vi idag inför utmaningen att reformera specialpedagogiken, inte bara funktionellt utan även dess teoretiska fundament och forskningsfokus. Skrtic (1988) skrev för drygt 20 år sedan att specialpedagogiken hade hamnat i ett läge ”between stories” och att vad som behövdes var en ”new story”:

> But because we are between stories just now, persons entering the field of special education today will need to know the old story *and* be aware of and open to the possibility of a new story. It is essential that today's inductees recognize that the old story is simply a matter of convention and tradition, and that being "old" does not make it "correct". Knowing the old story will help inductees fit into today's special education. Being aware of the possibility of, and need for, a new story will help them adjust to and, more importantly, shape tomorrow's special education. (s. 446)

Vad den nya historien kommer att få för genomslag kan bara förstås i efterhand. Men det är genom ett aktivt och reflekterande arbete nu som alla vi som är engagerade i barns och ungdomars utveckling och utbildning kan bidra till att en ny historia blir skriven.

Referenser

Ahlström, K.-G. & Jonsson, M. (1980). *Flexible Grouping of Pupils and Team-work between Teachers*. Uppsala Studies in Education 13. Stockholm: Almqvist & Wiksell.

Ahlström, K.-G., Emanuelsson, I. & Wallin, E. (1986). *Skolans krav – elevernas behov*. Lund: Studentlitteratur.

Algozzine, B. & Ysseldyke, J.E. (1983). Learning disabilities as a subset of school failure. The oversophistication of a concept. *Exceptional Children, 50*, 242–246.

Allan, J. (1995). *Pupils with Special Educational Needs in Mainstream Schools: A Foucauldian Analysis of Discourses*. University of Stirling, Department of Education.

Armstrong, D. (2005). *Voice, Rituals and Transitions: What is Inclusive Education Really About?* Paper presented at the Inclusive and Supportive Education Congress, 1st–4th August 2005. Glasgow, Scotland.

Armstrong, D. & Galloway, D. (1994). Special Educational Needs and Problem Behaviour. I S. Riddell & S. Brown (red.). *Special Educational Needs Policy in the 1990s. Warnock in the Market place*. London: Routledge.

Axelsson, T. (2007). *Rätt elev i rätt klass Skola, begåvning och styrning 1910–1950*. Linköping Studies in Arts and Science No. 379. Linköpings universitet, Institutionen för Tema.

Bacon, F. (1984). *Essäer*. (övers. R. Hejll). Göteborg: Daidalos.

Ball, S. J. (1981). *Beachside Comprehensive. A Case-Study of Secondary Schooling*. Cambridge: Cambridge University Press.

Berg Eriksen, T. (1988). *Nietzsche og det moderne*. Oslo: Universitetsforlaget.

Billington, T. (2002). *Separating, losing and excluding children. Narratives of difference*. London: Routledge Falmer.

Björck-Åkesson, E., Granlund, M. & Simeonsson, R. J. (2005). Special Education. A system theory perspective. I E. Heimdal Mattson, A.-L. Lange, L. Roll-Pettersson & M. Westling-Allodi. *Mångsidigt samspel. En vänbok till Siv Fischbein*. Stockholm: HLS Förlag.

Brantlinger, E. (1997). Using Ideology: Cases of Nonrecognition of the Politics of Research and Practice in Special Education. *Review of Educational Research, 67,* 425–459.

Clark, C., Dyson, A., Millward, A. & Skidmore, D. (1995). Dialectical Analysis, Special Needs and Schools as Organisations. I C. Clark, A. Dyson & A. Millward (red.). *Towards Inclusive Schools.* London: David Fulton.

Clark, C., Dyson, A. & Millward, A. (1998). Theorising Special Education. Time To Move On. I C. Clark, A. Dyson & A. Millward (red.). *Theorising Special Education.* London: Routledge.

Dahllöf, U. (1967). *Skoldifferentiering och undervisningsförlopp.* Göteborg Studies in Educational Sciences 2. Stockholm: Almqvist & Wiksell.

Department of Education and Science (1978). *Special Educational Needs (The Warnock Report).* London: HMSO.

Dir. 2007:103. *En ny lärarutbildning.* Kommittédirektiv. Stockholm: Utbildningsdepartementet.

Ds 1996:16. *Lärarutbildning i förändring.* Stockholm: Utbildningsdepartementet.

Ds 2001:19. *Elevens framgång – skolans ansvar.* Stockholm: Utbildningsdepartementet.

Egelund, N. (1999). Den modsigelsefulde specialpædagogik – emnet for en betydningsfuld svensk doktorsdisputas. *Psykologisk Pædagogisk Rådgivning,* 36 (2), 162–170.

Egelund, N., Haug, P. & Persson, B. (2006). *Inkluderande pedagogik i skandinaviskt perspektiv.* Stockholm: Liber.

Emanuelsson, I. (2000). Är det normalt att vara godkänd? *KRUT 99,3* 2000.

Emanuelsson, I. & Murray, Å. (1989). *Alternativkurser och utbildningskarriärer.* Rapporter från institutionen för pedagogik, nr 2. Stockholm: Högskolan för lärarutbildning.

Emanuelsson, I. & Persson, B. (2003). Differentiering, specialpedagogik och likvärdighet. En longitudinell studie av elevers självuppfattning och studiekarriärer. *Pedagogisk forskning i Sverige,* 7, 3, 183–189.

Emanuelsson, Ingemar, Persson, Bengt & Rosenqvist, Jerry (2001). *Forskning inom det specialpedagogiska området – en kunskapsöversikt.* Stockholm: Skolverket.

Englund, T. (1993). Education for public or private good. I G. Miron (red.). *Towards free choice and Market-Oriented Schools. Problems and promises*, 2. Stockholm: Skolverket.

Eurydice (2005). *Key data on education in Europe 2005.* http://www.eurydice.org

Fasting, R., Sarromaa Hausstätter, R. & Turmo, A. (2011). Inkludering og tilpasset opplæring for de utvalgte? *Norsk Pedagogisk Tidsskrift*, 2011/2.

Fischbein, S. (1996). Specialpedagogik och lärarutbildning. *Pedagogisk forskning i Sverige, 1*(1), 89–99.

Foucault, M. (1973). *The Order of Things: An Archaeology of the Human Sciences.* New York: Vintage. (Fransk originaltitel: *Les Mots et les choses. Une archéologie des sciences humaines* (1966)).

Foucault, M. (1985). *The Archaeology of Knowledge.* London: Tavistock. (Fransk originaltitel: *L'Archéologie du savoir* (1969)).

Foucault, M. (1986). *Vansinnets historia under den klassiska epoken.* Lund: Arkiv Förlag.

Foucault, M. (1989). *Politics, Philosophy, Culture. Interviews and other Writings 1977–1984.* London: Routledge.

Freeman, A. & Gray, H. (1989). *Organizing Special Educational Needs. A Critical Approach.* London: Paul Chapman.

Fuchs, D. & Fuchs, L.S. (1997). Editorial: Lessons from a Welfare "Reform." *Journal of Special Education, 30*(3), 229–231.

Fulcher, G. (1989). *Disabling Policies? A Comparative Approach to Education Policy and Disability.* London: Falmer.

Galloway, D. & Goodwin, C. (1987). *The Education of Disturbing Children. Pupils with Learning and Adjustment Difficulties.* London: Longman.

Gartner, A. & Lipsky, D. K. (1987). Beyond Special Education: Toward a Quality System for all Students. *Harvard Educational Review, 57*, 367–395.

Gjessing, H.-J., Nygaard, H.D., Solheim, R. & Aasved, H. (1982). *Bergenprojektet 1. Lærevansker som samspillsproblem.* Bergen: Universitetsforlaget.

Goldberg, M. L., Passow, A. H. & Justman, J. (1966). *The Effects of Ability Grouping.* New York: Teachers College Press.

Goldman, J. & Gardner, H. (1989). Multiple Paths to Educational Effectiveness. I D. Kerzner & A. Gartner (red.). *Beyond Separate Education. Quality Education for All.* Baltimore: Paul Brookes.

Governors Wales (2009). http://www.governorswales.org.uk/law/

Grant, C. A. & Sleeter, C.E. (1986). *After the School Bell Rings.* Philadelphia: Falmer.

Haug, P. (1996). Lærarutdanning til ein skule for alle. *Spesialpedagogikk,* 9(96), 3–12.

Haug, P. (1998). *Pedagogiskt dilemma: Specialundervisning.* Stockholm: Skolverket.

Haug, P. (1999). *Spesialundervisning i grunnskolen. Grunnlag, utvikling og inhald.* Oslo: Abstrakt.

Helldin, R. (1997). *Specialpedagogisk kunskap som ett socialt problem. En historisk analys av avvikelse och segregation.* Stockholm: HLS Förlag.

Högskoleverket (1995). *Grundskollärarutbildningen 1995 – en utvärdering.* Högskoleverkets rapportserie 1R.

Högskoleverket (2006). *Utvärdering av Specialpedagogiska programmet vid svenska universitet och högskolor.* Stockholm: Högskoleverket.

Högskoleverket (2012). *Behovet av en särskild specialpedagogexamen och specialpedagogisk kompetens i den svenska skolan. Rapport 2012:11R.* Stockholm: Högskoleverket.

Inglis, F. (1985). *The Management of Ignorance: a Political Theory of the Curriculum.* Oxford: Blackwell.

Isling, Å. (1984). *Grundskola för allmänmänsklig kompetens.* Stockholm: Sober.

Krueger, A. B. (1998). *Reassessing the view that American Schools Are Broken.* Paper presenterat vid the New York Federal Reserve Bank Conference on Excellence in Education, November 1997.

Labi, A. (2001). A Class Apart – A Segregated School Raises Questions About The Limits Of Swedish Liberalism. *TIME 157*(7).

Lgr 69 (1969). Läroplan för grundskolan. Allmän del. Stockholm skolöverstyrelsen.

Lgr 80 (1980). *Läroplan för grundskolan. Allmän del.* Stockholm: Skolöverstyrelsen. Liber.

Lindblad, S. (1994). *Lärarna – samhället och skolans utveckling. Utforskningar och analyser av lärarledd verksamhet.* Stockholm: HLS Förlag.

Lärarförbundet (1995). *Professionella lärare? – Lärarförbundets utvärdering av grundskollärarutbildningen.* Stockholm: Lärarförbundet.

Mehan, H. (1992). Understanding Inequality in Schools: The Contribution of Interpretive Studies. *Sociology of Education, 65*, 1–20.

Mellin-Olsen, S. (1991). *Hvordan tenker Lærere om matematikundervisning?* Bergen Lærerhøgskole. Landås.

Mortimore, P. (1997). Can Effective Schools Compensate for Society? I A. H. Halsey, H. Lauder, P. Brown & A. S. Wells (red.). *Education, Culture, Economy, and Society.* New York: Oxford.

Murray, M. (1998). *Effekten av klasstorlekar, eller vad kan vi ha USA till?* Promemoria. Stockholm: Utbildningsdepartementet.

Myndigheten för skolutveckling (2005). *Elever som behöver stöd men får för lite.* Stockholm: Myndigheten för skolutveckling.

Niemi, M. (2000). *Populärmusik från Vittula.* Stockholm: Norstedts.

Nilholm, C. (2005). Specialpedagogik: Vilka är de grundläggande perspektiven? *Pedagogisk Forskning i Sverige*, Vol 10, No 2, s 124–139.

Nordahl, T. (2012). http://www.lsp.aau.dk/fileadmin/filer/Arrangementer/11.12.2012_Paideia_konference/Spesialundervisning_og_vanlig_undervisning_Thomas_Nordahl.pdf

Oakes, J. (1985). *Keeping Track. How Schools Structure Inequality.* New Haven and London: Yale University Press.

OECD (1995). *Integrating Students with Special Needs into Mainstream Schools.* Paris: OECD.

OECD (2000). *Special Needs Education: Statistics and Indicators.* Paris: OECD.

Persson, B. (1997). *Specialpedagogiskt arbete i grundskolan. En studie av förutsättningar, genomförande och verksamhetsinriktning.* Andra omarbetade upplagan. Specialpedagogiska rapporter nr 4. Göteborgs universitet. Institutionen för specialpedagogik.

Persson, B. (1998a). *Specialundervisning och differentiering. En studie av grundskolans användning av specialpedagogiska resurser. Specialpedagogiska rapporter nr 10.* Göteborgs universitet. Institutionen för specialpedagogik.

Persson, B. (1998b). *Den motsägelsefulla specialpedagogiken – Motiveringar, genomförande och konsekvenser. Specialpedagogiska rapporter nr 11.* Göteborgs universitet. Institutionen för specialpedagogik.

Persson, B. & Persson, E. (2012). Inkludering och måluppfyllelse. Att nå framgång med alla elever. Stockholm: Liber.

Philip, M. (1985). Michel Foucault. I Q. Skinner (red.). *The Return of Grand Theory in the Human Sciences.* Cambridge: Cambridge University Press.

Prop. 1984/85:122 *Lärarutbildning för grundskolan m.m.* Stockholm: Utbildningsdepartementet.

Prop. 1988/89:4 *Regeringens proposition om skolans utveckling och styrning.* Stockholm: Utbildningsdepartementet.

Prop. 1998/99:105 *Elever med funktionshinder – ansvar för utbildning och stöd.* Stockholm: Utbildningsdepartementet.

Prop. 2008/09:87. Tydligare mål och kunskapskrav – Nya läroplaner för skolan. Stockholm: Utbildningsdepartementet.

Rasmussen, O. V. (2001). Om udforskning af Pædagogisk Psykologisk Rådgivning – mod et børneperspektiv. *Psykologisk Pædagogisk Rådgivning 4*, 263–284.

Riddell, S. (1997). Theorising special educational needs in a changing political climate. I L. Barton (red.). *Disability & Society: Emerging Issues and Insights.* Harlow: Longman.

Rigné, E. M. (1997). Trender och traditioner i några europeiska skolsystem. *Från regler till eget ansvar.* Stockholm: Skolverket.

Robbins, A. (2011). *The geeks shall inherit the earth.* New York: Hyperion.

Rorty, R. (1989). *Contingency, Irony, and Solidarity.* Cambridge: Cambridge University Press.

SFS 1993:100. *Högskoleförordningen.* Stockholm: Allmänna Förlaget.

SFS 2010:800. *Skollagen.* Stockholm: Sveriges Riksdag.

Sharp, R. & Green, A. (1976). *Education and Social Control*. London: Routledge.

Skaalvik, E. M. (1998). *Faglige og sosiale støttetiltak: Skolens vurdering av behov og tilbud*. Opublicerat manuskript.

Skaalvik, E. M. & Skaalvik, S. (1996). *Selvopfatning, motivasjon og læringsmiljø*. Oslo: Tano.

Skolverket (1996). *Bilden av skolan 1996. Skolverkets rapport, 100*. Stockholm: Skolverket.

Skolverket (1999a). *Nationella kvalitetsgranskningar 1998*. Stockholm: Skolverket.

Skolverket (2001). *Utvecklingssamtal och skriftlig information*. Stockholm: Skolverket.

Skolverket (2003). *Kartläggning av åtgärdsprogram och särskilt stöd i grundskolan*. Stockholm: Skolverket.

Skolverket (2006). *På andras villkor – skolans möte med elever med funktionshinder*. Stockholm: Skolverket.

Skolverket (2006). *Betyg och provresultat i grundskolan läsår 2005/06*. Stockholm: Skolverket.

Skolverket (2012). *Barn, elever och personal – Riksnivå*. Del 2. Rapport 371. Stockholm: Skolverket.

Skrtic, T. M. (1988). The Crisis in Special Education Knowledge. I L. Meyen & T. M. Skrtic. *Exceptional Children and Youth. An introduction*. Denver: Love.

Skrtic, T. M. (1991). *Behind Special Education: A critical analysis of professional culture and school organization*. Denver: Love.

Skårbrevik, K. J. (1996). Reformanalyse: Prosjektet ”Omstrukturering av spesialundervisning”. I P. Haug (red.). *Pedagogikk i ei reformtid. Foredrag på den 4. nasjonale fagkonferansen i pedagogikk (1995)*. Volda: Norges Forskningsråd. Høgskulen i Volda.

Slagstad, R. (1998). *De nasjonale strateger*. Oslo: Pax.

Slavin, R. E. (1991). *Educational Psychology. Theory into Practice. (3rd edition)*. New Jersey: Prentice-Hall.

Solity, J. (1992). *Special Education*. London: Cassell.

SOU 1948:27. *1946 års skolkommissions betänkande med förslag till riktlinjer för det svenska skolväsendets utveckling.* Ecklesiastikdepartementet. Stockholm.

SOU 1961:30. *Grundskolan. 1957 års skolberedning.* Stockholm: Ecklesiastikdepartementet.

SOU 1974:53. *Skolans arbetsmiljö. Betänkande avgivet av utredningen om skolans inre arbete – SIA.* Stockholm: Utbildningsdepartementet.

SOU 1992:86. *Ett nytt betygsystem. Slutbetänkande av Betygsberedningen.* Stockholm: Utbildningsdepartementet.

SOU 1999:63. *Att lära och leda. En lärarutbildning för samverkan och utbildning.* Stockholm: Utbildningsdepartementet.

Stainback, S. & Stainback, W. (1990). Inclusive Schooling. I S. Stainback & W. Stainback (red.). *Support Networks for Inclusive Schooling. Interdependent Integrated Education.* Baltimore: Brookes.

Stangvik, G. (1993). *Om grunnlaget for spesialpedagogisk utdanning.* Notat til møtet i arbeidsgruppen for "Oppbygging av utdannings- og forskningsmiljø i spesialpedagogikk ved høgskoler og universitet". Troms.

Stangvik, G. (1994). *Undersökning om specialpedagogisk forskning.* Rapportering (Dnr 94:82). Stockholm: Skolverket.

Ström, K. (2013). Excellens, likvärdighet och fokus på lärande – ett finländskt perspektiv på inkludering. *Paideia* 2013/5.

Stukát, K-G. & Bladini, U-B. (1986). *Svensk specialundervisning. Intentioner och realiteter i ett utvecklingsperspektiv.* Rapport nr. 1986:14. Göteborgs universitet, institutionen för pedagogik.

Sunderland, J. (1989). Integrating Pupils with Behavioural Difficulties into Mainstream Schools. I N. Jones & T. Southgate (red.). *The Management of Special Needs in Ordinary Schools.* London: Routledge.

Svenska Unescorådet (1996). *Salamancadeklarationen.* Svenska Unescorådets skriftserie nr 4.

Sveriges Radio (2007). Intervju med skolminister Jan Björklund, *Dagens Eko* 2007-03-28, 05.30.

Tevcborg, L. (1999). *Bakom fasaden. Om grundskolans framväxt.* Solna: Ekelunds.

Tomlinson, S. (2012). The irresistible rise of the SEN industry. *Oxford Review of Education, 38:3*, 267–286.

Undervisningsministeriet (1997). *Urolige elever i folkeskolens almindelige klasser.* Undervisningsministeriet, Folkeskoleafdelingen. Köpenhamn.

UNESCO (1990). *W.C.E.F.A. Final Report. World Conference on Education for All: Meeting basic learning needs.* 5–9 Mars 1990. Jomtien, Thailand. New York: Inter-Agency Commission for the World Conference on Education for All.

UNESCO (2001). *Schools for All – Open File on Inclusive Education.* Paris: UNESCO.

Utbildningsdepartementet (2007a). *En ny betygsskala.* Stockholm: Regeringskansliet.

Utrikesdepartementet (2000). *Mänskliga rättigheter. Konventionen om barnets rättigheter.* Stockholm: Utrikesdepartementet.

Weber, M. (1949). "Objectivity" in Social Science and Social Policy. In E. A. Shils & H. A. Finch (red.). *The Methodology of the Social Sciences.* (Ursprungligen publicerad 1904.) New York Free Press. New York.

Wenglinsky, H. (1997). *When Money Matters: How Educational Expenditures Improve Student Performance and How They Don't.* Princeton: Policy Information Perspective.

Wennbo, K. (2005). *Individuell planering – ett led i en önskvärd pedagogisk utveckling?* Göteborgs stad, Skolutvecklingsenheten.

WHO (2001). *ICF. International Classification of Functioning and Disability.* Geneve: Assessment, Classification and Epidemiology Group, WHO.

World Education Forum (2000). *The Dakar Framework for Action. Education for All: Meeting our Collective Commitments.* Dakar, Senegal, 26–28 april 2000.

Register